Jürgen Krantz

# Zauber der Dampflok

Jürgen Krantz

# Zauber der Dampflok

transpress

# Impressum

Einbandgestaltung: Katja Draenert

Titelbild:
Am 9. Januar 1966 dampft die Tübinger 38 2712, eine preußische P 8, mit vier Umbau-Dreiachsern, einem vierachsigen Packwagen und einem Stückgutwagen als Zug 2368 nach Sigmaringen. Sie ist in Tübingen zeitgleich um 12.15 Uhr mit einer anderen P 8, die den Zug 1988 nach Horb bespannt, abgefahren. Die Dampfwolke der Schwesterlok ist ganz links neben der Bogenlampe im Bahnbetriebswerk zu erkennen.

Rücktitel:
Buchstäblich in letzter Minute entstanden eine Reihe von Aufnahmen in diesem Buch. Das Ende der Dampflokzeit auf der Strecke von Walkenried über Northeim nach Altenbeken kam nur 19 Tage, nachdem dieses Bild von der 044 210-3 mit ihrem Güterzug hinter dem Reelsener Tunnel am 10. Mai 1976 gelungen war.

Seite 2: Eine von einer Handvoll in Gießen beheimateter 55er macht sich am 1. November 1967 unter heftiger Dampfentwicklung im Rangierdienst auf den ausgedehnten Gleisanlagen nützlich. Die letzte Gießener G $8^1$ ist am 28. September 1969 nicht abgestellt sondern nach Dillenburg abgegeben und erst am 27. November 1970 in Duisburg-Wedau ausgemustert worden.



ISBN: 3-613-71158-3


Postfach 10 37 43, 70032 Stuttgart.
Ein Unternehmen der Paul Pietsch Verlage
GmbH & Co.

1. Auflage 2001



Lektorat: Hartmut Lange, Dirk Endisch
Innengestaltung: Viktor Stern
Druck: Henkel, 70435 Stuttgart
Bindung: E. Riethmüller, 70176 Stuttgart
Printed in Germany

# Inhalt

Vor dem Lokschuppen in Schönmünzach steht am 10. Oktober 1965 in bestem Pflegezustand die 1920 von Schwartzkopff in Berlin erbaute 94 1025, geliefert als »8177 Erfurt«. Der ursprüngliche Zahnradbetrieb nach dem System Riggenbach auf dem Streckenabschnitt Friedrichstal–Freudenstadt wurde ab 1929 durch den Einsatz der preußischen T 16[1] mit Gegendruckbremse ersetzt.

# Vorwort

Heutzutage ist es kaum mehr vorstellbar, dass die Begegnung mit der Eisenbahn einst in fast jedem Jungen den Wunsch weckte, später den Beruf des Lokführers zu ergreifen. Weshalb es ausgerechnet der Mann mit rußgeschwärzten Händen und Gesicht war und nicht der Aufsichtsbeamte mit der roten Mütze, der ja als Herr über den Uhrzeiger mit erhobener Kelle das Abfahrtsspektakel einleitete, scheint auf den ersten Blick rätselhaft. Doch erst die Handgriffe des Meisters auf der Maschine setzten Räder und Gestänge in Bewegung, ließen die Auspuffschläge lauter und schneller werden. Der Zauber dieser in Dampf gehüllten Szenerie endete erst, wenn der Zug hinter der nächsten Kurve den Blicken entschwunden, das Rollen der Räder verhallt und die Rauchfahne verweht war. Heute wecken die raketengleich dahinbrausenden Hochgeschwindigkeitszüge in jungen Menschen eher den Wunsch, als Astronauten zu anderen Sonnensystemen zu fliegen. Doch der Zauber der Dampflok – bei vielen Begegnungen mit den schwarzen Kolossen auf Farbfilm gebannt – hat bis heute nichts von seiner Anziehungskraft verloren. Diese Bilder vom Alltagsgeschehen bei der Eisenbahn am Ende der Epoche der aus Feuer und Wasser gewonnenen Antriebskraft Dampf sollen die eindrucksvolle aber manchmal raue Wirklichkeit eines Kindertraums würdigen.

Freiberg/Neckar, im März 2001
Jürgen Krantz

01 167
27
28
V 200 130

# Einleitung

Es ist kaum zu glauben, aber nur über einen Zeitraum von rund 55 Jahren stellte der Dampfantrieb die einzige Möglichkeit zur maschinellen Fortbewegung auf der Schiene dar. In Württemberg legte 1890 die Zusammenarbeit der Maschinenfabrik Esslingen mit der Daimler-Motorengesellschaft in Cannstatt den Grundstein für eine Entwicklung, die knapp hundert Jahre später mit der Abstellung der Dampflok 50 3559 bei der Deutschen Reichsbahn (DR) Ende Oktober 1988 praktisch zur vollständigen Ablösung der Konstruktion des Engländers George Stephenson führte. Verbrennungs- und fast gleichzeitig Elektromotor beschränkten sich anfangs auf die Verwendung bei Feld- und Werkbahnen, wenn man einmal von der Umrüstung der städtischen Pferdebahnen absieht. Als erste vollspurige elektrische Eisenbahn in Deutschland erbaute die Localbahn AG München (LAG) 1895 die fünf Kilometer lange Stichbahn Meckenbeuren–Tettnang.

Ob unter Fahrdraht, mit Akkumulatoren oder Verbrennungsmotor – zunächst setzte man die Triebwagen über kürzere Distanzen ein. Die technische Weiterentwicklung dieser Fahrzeuge einschließlich der Verwendung des Dieselmotors erlaubten der Deutschen Reichsbahn-Gesellschaft (DRG) sowie vielen Klein- und Privatbahnen vor allem in den 30er-Jahren die Umstellung der Personenbeförderung, so weit die nach der Weltwirtschafts-

krise nicht sehr rosigen finanziellen Möglichkeiten den Kauf neuer Triebwagen überhaupt zuließen.
Trotzdem behielt der Dampfbetrieb seine dominierende Stellung sowohl im Güterverkehr als auch weitgehend in der Personenbeförderung noch lange. Bei der Verschmelzung der deutschen Länderbahnen zu den Reichseisenbahnen am 1. April 1920 wurden rund 31.500 Dampflokomotiven übernommen. Ihre unterschiedlichen Konstruktionsmerkmale führten zwingend zu Überlegungen, durch neue Entwürfe die Typenvielfalt einzuschränken und durch Austauschbarkeit bestimmter Bauteile die Lagerhaltung zu verringern sowie Reparaturen zu vereinfachen, womit Werkstattaufenthalte verkürzt werden könnten. Diese Gedanken bildeten die Grundlage für das spätere Einheitslokprogramm, mit dem sich seine geistigen Väter gegen die Verfechter eines Weiterbaues bewährter Länderbauarten durchsetzten, die mit Kosten- und Zeiteinsparung gegen Neuentwicklungen argumentierten.
Mit 02 001 verließ 1925 die erste deutsche Einheitslok die Werkhallen der Firma Henschel in Kassel. Anfang der 30er-Jahre führte die DRG noch etwa 24.000 Dampfloks in ihren Bestandslisten. Die letzte Großlieferung von Dampflokomotiven brachte der Zweite Weltkrieg mit rund 7.000 Exemplaren der 1'E-Güterzugloks der Baureihen 52 und 42.

Vorige Seite: Ein ständiges Kommen und Gehen herrscht in der gewaltigen Ringschuppenanlage des Bahnbetriebswerks Hamburg-Altona. Auf einer der ineinander greifenden Drehscheiben steht am 29. April 1967 die Bremer 01 167, die 1936 fabrikneu nach Königsberg/Pr. kam und bis 1943 von dort aus im Schnellzugdienst »ins Reich«, wie die Ostpreußen sagten, eingesetzt wurde. Im Hintergrund: V 200 130, 01 086 und 01 1057.

Ende 1945 befanden sich in den damaligen drei Westzonen 17.729 Dampfloks, von denen nur ein gutes Drittel betriebsfähig war. Doch das weitaus größere Problem neben den starken Zerstörungen an den Gleis- und Wartungsanlagen war zu dieser Zeit die Kohleversorgung.
Durch die Nutzung freier Kapazitäten der Lokomotiv-Hersteller für die Fahrzeug-Instandsetzung gelang es bis Ende Juli 1949 – fünfeinhalb Wochen vor der Umbenennung in »Deutsche Bundesbahn« – den einsatzbereiten Teil des Dampflokparks auf fast 7.900 Maschinen zu steigern. Das waren beinahe 55 Prozent des noch vorhandenen Bestandes.
Trotz des von den Alliierten erlassenen Bauverbots für Lokomotiven wurde seit 1948 intensiv an einem Neubauprogramm für Dampfloks gearbeitet, um zeit- und kostenaufwändige Reparaturen an veralteter und abgenutzter Technik zu reduzieren. Doch diesem Typen-Programm war nur ein mäßiger Erfolg beschieden, denn die Bundesbahn beschaffte lediglich fünf Baureihen mit insgesamt 168 Lokomotiven. Die Schnellzugmaschine der Baureihe 10 kam ebenso wie die Personenzug-Tenderlok der Baureihe 66 nicht über zwei Exemplare hinaus, da noch vor ihrer Ablieferung die Dieselkonkurrenten V 200 bzw. V 80 in Betrieb gegangen waren. Zudem hatte man die Schnellzug-Maschinen der Baureihen $01^{10}$, $03^{10}$, 80 Loks der ehemals bayerischen S 3/6 (18.5) und 50 Maschinen der BR 01 mit neuen geschweißten Hochleistungskesseln ausgerüstet.
Schließlich wurde 1954 ein Typenprogramm mit Elektrolokomotiven für den leichten und schweren Reise- und Güterzugdienst beschlossen. Außerdem nahm man nach der Instandsetzung den Ausbau des elektrischen Streckennetzes mit zunächst jährlich geplanten 50 Kilometern in Angriff. Stück für Stück rollten nun die Dampfloks aufs Abstellgleis. Als letzte Neubau-Dampflok der

DB verabschiedete sich die Baureihe 023 (bis 1968 BR 23) bereits Ende 1975 in Crailsheim. Die letzte aktive Bundesbahn-Dampflok war schließlich die ölgefeuerte 043 903. Sie beendete den Traktionswechsel mit dem Hilfszug 81453 am 26. Oktober 1977 in Emden.

In der Sowjetischen Besatzungszone (SBZ) zählte man am 31. Dezember 1946 insgesamt 7.549 Dampflokomotiven, von denen 1.261 Exemplare so genannte Fremdloks waren. Fehlende Steinkohle zwang die DR, ihre Dampfloks mit Braunkohle zu feuern. Diese besaß allerdings einen geringeren Brennwert, weshalb die Heizer wesentlich härter arbeiten mussten. Um sie zu entlasten, baute die DR einige Maschinen auf Braunkohlenstaub-Feuerung des Systems Wendler um. Dazu gehörte die Baureihe 44, von der 20 Maschinen eine Kohlenstaubfeuerung erhielten, ebenso wie die Baureihe 52, von der man 29 Loks entsprechend umstellte.

Wie die DB hatte auch die DR, die in der späteren Deutschen Demokratischen Republik ihren Namen behielt, Probleme mit dem seit 1938 verwendeten Kesselbaustahl St 47 K, der eine größere Festigkeit aufwies, dadurch aber spröder war und erheblich schneller alterte als das vorher verwendete Material St 34. Ab 1957 begann ein umfangreiches Rekonstruktionsprogramm, das neben neuen geschweißten Kesseln auch andere Modernisierungen wie Ölhauptfeuerung und die in ihrer ungewohnten Form auffallenden Mischvorwärmer einschloss. Als Erste erhielt die Güterzuglok der Baureihe 50 den von der Neubaulok der Reihe $23^{10}$ adaptierten Reko-Kessel. Bis 1962 wurden 208 Maschinen zur neuen Baureihe $50^{35}$ umgebaut, von denen 72 durch die spätere Umstellung auf Ölhauptfeuerung die neue Reihe $50^{50}$ bildeten.

Neben den 16 verbliebenen Loks der Baureihe $03^{10}$ waren größere Stückzahlen der Baureihen 41 und 52 von der Rekonstruktion betroffen. Besonders auffällig waren die 35 Maschinen der aus der 01 entstandenen eleganten und leistungsfähigen Baureihe $01^{5}$, die größtenteils Ölhauptfeuerung aufwiesen. Ungewohnt war der Anblick der teilweise verwendeten Boxpok-Treibräder wie auch die Teilverkleidung von Kesselaufbauten und Umlaufblech.

Nicht wegen des verwendeten Kesselstahls sondern aufgrund ihres Alters als letzte preußische Lokentwicklung von 1919 – ausgeliefert ab 1922 – rekonstruierte die DR von 1958 bis 1962 insgesamt 85 Exemplare der 1'D1'h3-Dampfloks der Baureihe 39 (ex preußische P 10) zur neuen Reihe 22. Nach ihrer frühzeitigen Abstellung fanden 52 Reko-Kessel der Baureihe 22 noch eine Weiterverwendung bei der Baureihe 03. Schließlich sei noch ergänzt, dass die DR, nach einigen Umbauten auf Kohlenstaubfeuerung, insgesamt 56 Lokomotiven der Baureihe 58 (ex preußische G 12) ab 1963 mit geschweißten Hochleistungskesseln und Witte-Leitblechen ausrüstete und als $58^{30}$ einsetzte.

Natürlich baute auch die DR ab 1954 neue Dampflokomotiven. Zu ihnen gehörten außer den 113 Personenzugloks der Baureihe $23^{10}$ noch 88 Güterzugmaschinen der BR $50^{40}$, 88 Personenzugtenderloks der BR $65^{10}$ und schließlich 27 Stück der universell einzusetzenden Tenderlokbaureihe $83^{10}$. Wie bei der DB war auch die letzte Reichsbahnmaschine keine Neubaudampflok, sondern die eingangs erwähnte kohlegefeuerte Rekolok 50 3559, die am 29. Oktober 1988 die Dampflokära auf deutschen Regelspurgleisen beendete.

BEBRA
210
6

# Viva Magistrale!

## Dampf auf Hauptbahngleisen

Obwohl sich der im April 1921 gegründete »Engere Ausschuß für Lokomotiven zur Vereinheitlichung der Lokomotiven«, für den der Borsig-Oberingenieur August Meister mit einem Typenprogramm schon Vorarbeit geleistet hatte, sofort an die Arbeit machte, übernahm die Deutsche Reichsbahn-Gesellschaft (DRG) erst am 28. November 1925 mit der vierzylindrigen Schnellzugmaschine 02 001 ihre erste Einheitslok. Kurz danach erschien mit der BR 01 die Zweizylinderversion dieser Baureihe. Die aus dem höheren Unterhaltungsaufwand für das Vierzylinderverbund-Triebwerk resultierende Abneigung des Reichsbahn-Zentralamts gegen die 02 führte Ende der 30er-Jahre zu dem Beschluss, die zehn Maschinen im RAW Meiningen in Zweizylinderloks umzubauen.

Um den Bedarf an Lokomotiven bis zur Ablieferung der Einheitsloks zu decken, bestellte die DRG außerdem in den 20er-Jahren bewährte Länderbahnkonstruktionen nach. Neben Personen- und Güterzugmaschinen gehörten dazu auch 70 Schnellzuglokomotiven der berühmten

bayerischen Gattung S 3/6, von denen die letzten 20 Exemplare erst 1930 ausgeliefert wurden.
Die elektrisch betriebenen Strecken in Deutschland beschränkten sich zur Länderbahnzeit auf die Region Halle/Leipzig sowie Schlesien, Südbaden und Bayern. Erst die Reichsbahn startete die beim Bau zwar teure aber im Betrieb wirtschaftliche Elektrifizierung von Fernstrecken, angefangen 1933 bei der Relation München–Stuttgart bis zum kriegsbedingten Ende mit der Verbindung des süd- und mitteldeutschen Netzes über Nürnberg–Saalfeld–Weißenfels. Doch der zunehmende Einsatz der E-Loks gefährdete die führende Position der Dampftraktion auf den Magistralen zu dieser Zeit nicht.
Noch weniger gelang dies vor dem Zweiten Weltkrieg den Fahrzeugen mit Dieselantrieb. Deren Leistungsfähigkeit hatte spätestens am 15. Mai 1933 der Dieseltriebwagen VT 877 – besser bekannt als »Fliegender Hamburger« – mit einer erfolgreichen Schnellfahrt vom Lehrter Bahnhof in Berlin nach Hamburg nachgewiesen. In der Folge richtete die Reichsbahn mit neu beschafften, formschönen zwei- und dreiteiligen Schnelltriebwagen verschiedener Bauarten ab 1935 Schnellverbindungen zwischen der Hauptstadt Berlin und den Städten Köln (über Hannover), Stuttgart, München und Beuthen (über Breslau) sowie auf der Strecke Hamburg–Köln ein. Trotzdem bedeutete dies kaum eine Einbuße für die dampfgeführten Reisezüge.

Vorige Seite: Die mit einem Neubaukessel ausgerüstete 01 159 vom Bahnbetriebswerk Hannover Hgbf. wartet am 15. Oktober 1965 mit dem E 398 in Bebra auf die Abfahrt nach Kassel Hbf, von wo die Reise als D-Zug nach Köln weitergeht. In Erwartung des schweißtreibenden Geschäfts stärkt sich der Heizer mit einem alkoholfreien Schluck aus der Flasche.

Im Gegenteil: Mit dem Kauf der stromlinienverkleideten Dampflokomotiven der Baureihen 05, 06, $01^{10}$ und $03^{10}$ unterstrichen die Verantwortlichen der Reichsbahn, welche Bedeutung sie der Dampftraktion weiterhin zumaßen.
Der Zweite Weltkrieg brachte nicht nur das Ende des diesel- und elektrisch betriebenen Hochgeschwindigkeitsverkehrs, sondern auch der meisten von Stromlinien-Dampfloks gezogenen FD-Züge. Das galt auch für die Antwort der deutschen Lokomotivfabriken auf die schnellen Dieseltriebwagen – die beiden Stromlinien-Tenderdampfloks der Baureihe 61 mit dem Henschel-Wegmann-Zug, aus dem ein Lazarettzug wurde. Für die verbliebenen D-Züge waren Reisezeit und Fahrkomfort kein Thema mehr angesichts der Parole »Erst siegen – dann reisen«. Güter- und allem voran Wehrmachtstransporte hatten absoluten Vorrang.
Nach zunehmenden Zerstörungen durch Bombenangriffe und – im späteren Kriegsverlauf – durch zusätzlichen Bordwaffenbeschuss von Tieffliegern sowie in der Endphase Sprengungen von Brücken und Tunnels durch deutsche Pioniere bot sich bei der Kapitulation im Mai 1945 fast überall bei der Deutschen Reichsbahn ein Bild der Verwüstung.
Die Aufteilung Mittel- und Westdeutschlands in Besatzungszonen bedeutete das Ende der zentralen Reichsbahnführung von Berlin aus. Neben der sowjetischen Militäradministration ging auch Frankreich mehrere Jahre seine eigenen Wege, wobei Gleise, Anlagen und Fahrzeugpark im Saargebiet Ende 1945 nochmals vom übrigen Betrieb in der französischen Zone abgetrennt und ab 1. April 1947 als »Saarländische Eisenbahnen« geführt wurden.
Die in der amerikanischen Zone am 19. Juli 1945 und im Bereich der britischen Besatzungsmacht am 20. August

1945 eingerichteten Betriebsleitungen vereinigten sich am 1. Oktober 1946 zur »Hauptverwaltung der Eisenbahn«, aus der nach dem Zusammenschluss der beiden Besatzungszonen 1947 die »Hauptverwaltung der Deutschen Reichsbahn im Vereinigten Wirtschaftsgebiet« wurde. Die am 30. August 1947 per Staatsvertrag von den Ländern Baden, Rheinland-Pfalz und Württemberg-Hohenzollern gegründete »Betriebsvereinigung der südwestdeutschen Eisenbahnen« (SWDE) ging schrittweise in der seit dem 7. September 1949 in »Hauptverwaltung der Deutschen Bundesbahn« (DB) umbenannten obersten Bahnbehörde der Bundesrepublik auf.

Nach der so genannten Stunde null ging es zunächst darum, die Strecken mit Brücken und Tunnels wieder befahrbar zu machen, vorrangig für den Bedarf der Besatzungsmächte und die Versorgung mit Kohle und Baustoffen. Nachdem die ersten mit E-Loks bespannten Züge zwischen Augsburg und dem Münchner Vorortbahnhof Pasing schon am 22. Mai 1945 wieder verkehrten, waren Ende 1945 bereits 70 % des elektrischen Streckennetzes in Süddeutschland betriebsbereit.

Zu den ersten, neu mit Fahrdraht überspannten Strecken gehörten dank der großzügigen Kreditgewährung der Länder Württemberg und Bayern im Oktober 1949 die Verbindung Stuttgart–Waiblingen, im Mai 1950 Nürnberg–Regensburg und Lichtenfels–Coburg sowie Stuttgart–Bietigheim im Oktober 1950. Fünf Jahre später, im Mai 1955, hatte die DB mit der Einschaltung des Fahrstroms auf den Strecken Freiburg–Basel und Bruchsal–Heidelberg über 2.000 Kilometer auf elektrischen Betrieb umgestellt. Große Schritte waren die Überspannung der Gleise von Düsseldorf über Essen–Dortmund nach Hamm 1957 zusammen mit dem Lückenschluss Düsseldorf–Köln im Zuge der linksrheinischen Verbindung nach Süden im Mai 1959.

Zunehmend engte die fortschreitende Elektrifizierung der Hauptstrecken, die sich von Westen und auf der wichtig gewordenen Nord-Süd-Strecke in den Norden der Bundesrepublik ausbreitete, das Einsatzgebiet der Schnellzugdampfloks ein. Diese Entwicklung verstärkte noch das Erscheinen der Großdieselloks der Baureihen V 200 ab 1954 und V 160 sechs Jahre später, die häufig selber von der elektrischen Traktion aus Bereichen verdrängt wurden, für die man sie eigentlich konstruiert hatte. Trotzdem hielten sich die dank Neubaukessel und Ölfeuerung leistungsfähiger gewordenen Schnellzugdampfloks bis in die 70er-Jahre auf einigen Hauptstrecken, zuletzt in Niedersachsen (Emslandstrecke) und Schleswig-Holstein (Hamburg–Westerland). Die letzte ölgefeuerte, dreizylindrige 012 (ex BR $01^{10}$) verkehrte auf der Emslandstrecke bis Mai 1975, knapp zweieinhalb Jahre vor dem endgültigen Aus für die Dampfloks der DB.

Die 1945 durch Deutschland und sein Eisenbahnnetz gezogenen neuen Grenzen brachten die Verlagerung der Verkehrsströme von der Ost-West- auf die Nord-Süd-Achse mit sich. Der Fernverkehr lief zwischen Hamburg/Bremen und Frankfurt am Main auch über Kassel. Das dortige Bahnbetriebswerk beheimatete seit jeher schwere Schnellzugdampfloks und war neben Bebra wichtigster Einsatzort für die Baureihen $01^{10}$ und die beiden von Krupp, Essen, 1957 erbauten, teilverkleideten 10 001 und 10 002. Vor ihrem Zug steht 10 002 im Herbst 1965 in Kassel Hbf abfahrbereit.

Neben Hamm in Westfalen bedienten die Kasseler »Zehner« und die Baureihe $01^{10}$ auch Frankfurt am Main Hbf und wendeten nach Elektrifizierung des Streckenabschnitts nach Gießen 1965 im dortigen Betriebswerk. Am 1. November 1967 steht 10 001, die ihre Schwester um knapp ein Jahr überlebte, am Wasserkran in Gießen neben der damals mit grauer Schürze piekfeinen E 10 383.

Die stolze badische Schnellzuglok 18 323 hat 1965 eine Versuchsfahrt mit Kühlwagen nach Bebra absolviert. Wen dies wundert, dem sei erläutert, dass nur durch die Intervention des bekannten Leiters des Bundesbahn-Zentralamts Minden, Theodor Düring, diese Lok mit den Schwestermaschinen 18 316 und 18 319 vor der Verschrottung 1948 gerettet werden konnten. Mit neuem Kessel ausgerüstet, zeigt die 18 316 bis in die jüngste Zeit, welche Leistung sie erbringen kann, während 18 323 als Denkmal in Offenburg von der Länderbahnzeit kündet.

Im bayerischen Mekka der Elektrotraktion, dem Bahnbetriebswerk München Hbf, begegnete dem Besucher der »Internationalen Verkehrsausstellung« im Sommer 1965 eine leibhaftige Preußin, die tatsächlich hier beheimatete 38 4035 von 1922. Im Jahr darauf siedelte sie nach Schwandorf über. 1968 erlebte sie in Weiden noch die Umzeichnung zur 038 035-2.

Die 01 202 des Bw Hof, 1936 von Henschel & Sohn in Kassel erbaut, hat im Herbst 1967 den D 148 von Hof nach Stuttgart gebracht und begibt sich nach Weiterfahrt des Zuges als Eilzug um 13.24 Uhr über Karlsruhe nach Straßburg ins Bahnbetriebswerk Stuttgart. E 44 071 hat mit ihrem Personenzug soeben das Stellwerk 2 passiert und fährt nach Gleis 12 ein.

Hochbetrieb in Ulm Hbf an einem Sommerabend des Jahres 1965: Der Heizer der P 8 rechts im Bild legt ein paar Schaufeln Kohle nach für die erwartete Abfahrt des P 1336 nach Aulendorf, während E 508 nach Friedrichshafen-Hafen, von einer 03 gezogen, gerade leicht verspätet Ulm verlässt. Dazwischen steht im Vordergrund die Rottweiler 50 1667 mit einem Umbau-Vierachser, Vorkriegspackwagen und einer Reihe Dreiachser. Zwei E-Loks und eine Kemptener V 200 belegen den voranschreitenden Traktionswechsel.

Knapp sechs Monate gehörte 03 251 zum Bahnbetriebswerk Köln-Deutzerfeld, als sie sich am 18. Oktober 1965 in Mönchengladbach Hbf mit einem Eilzug nach Köln in Bewegung setzte. Die fortschreitende Elektrifizierung engte das Betätigungsfeld dieser Einsatzstelle immer mehr ein, bis im Herbst 1966 das Aus für die Dampfloks kam.

Ein faszinierendes Schauspiel bietet 1965 die Ausfahrt des D 7 Frankfurt am Main–Warschau am 15. Oktober um 11.37 Uhr ab Bebra. Die 01 519 vom Bw Erfurt, die erste umgebaute $01^5$ mit Ölhauptfeuerung, setzt nach einem Abstimmungspfiff zusammen mit der kohlegefeuerten 44 1336 vom Bahnbetriebswerk Kassel den schweren Zug in Bewegung.

Am rechts im Bild sichtbaren Erfurter Postwagen vorbei schiebt die 44 1336 die imposante Wagenschlange des D 7 bis zum Ende der Steigung ein gutes Stück hinter dem Bebraer Wasserturm. Die nächste Bergfahrt vor dem Hönebacher Tunnel muss die 01 519 dann allein bewältigen.

Die letzte preußische P 10 mit großen Windleitblechen, die Stuttgarter 39 196, zieht am 23. September 1966 einen Reisebüro-sonderzug, hier am Einfahrtsignal von Gärtringen, über die Gäubahn nach Radolfzell. Der Zug verkehrte jeweils freitags Richtung Bodensee und am Sonntagmorgen zurück nach Stuttgart. Anfang 1967 wurden die drei letzten Maschinen der Baureihe 39 abgestellt.

Um 7.08 Uhr ist der D 148 am 15. Mai 1967 in Hof gestartet und hat mit der Zuglok 01 083 und der Vorspann-Maschine 01 131, beide vom Bw Hof, nach 318 km um 12.19 Uhr Schwäbisch Gmünd erreicht. Bis Stuttgart haben die Dampfloks noch 45 Minuten für 51 km vor sich. Elektrisch geht es von Stuttgart als Eilzug weiter über Karlsruhe nach Straßburg.

Die von Gremberg 1970 zum Bw Ulm versetzte 03 276 war als viertletztes Exemplar ihrer Baureihe über ein Jahr lang hauptsächlich auf der württembergischen Südbahn nach Friedrichshafen vor Eilzügen im Einsatz. Die DB hatte Ulm zum Auslauf-Bw für die Baureihe 03 bestimmt. Auf dem Bild von 1971 befindet sich die 03 276 vor Aulendorf.

Am 16. April 1968 hatte die Ulmer 03 222, die normalerweise kein Weg nach Stuttgart führte, einen besonderen Auftritt im Hauptbahnhof. Nachdem als letzter Zug der D 48 »Konsul« aus Hamburg kurz nach Mitternacht eingetroffen war und auf dem sonst menschenleeren Bahnhof nur noch die Postler auf dem Nebengleis ihrer Tätigkeit nachgingen, dampfte die 03 für einen Spielfilm zum Prellbock. Aus den Fenstern des Zuges schauten neben Reisenden im Look der 40er-Jahre auch Landser. Dass Witte-Bleche, Spitzenbeleuchtung und Hoheitszeichen der Reichsbahn am Tender nicht zueinander passten, nahm der Regisseur nicht so genau.

Die 01 112 mit Heinl-Mischvorwärmer vom Bahnbetriebswerk Nürnberg Hbf verlässt unter Assistenz der Stuttgarter E 44 085 mit dem E 577 nach Nürnberg am 8. Juli 1966 Stuttgart Hbf, Gleis 13. Die E-Lok wird bis zum Fahrdrahtende in Backnang Vorspanndienst leisten.
Aufnahme: O. Blaschke

Wie Ulm für die 03 war Hof das Auslauf-Bw für die zweizylindrige Baureihe 01. Eine der letzten Einsatzstrecken führte von Nürnberg über die bekannte Schiefe Ebene bei Neuenmarkt-Wirsberg. Zwei Altbau-01 haben im Mai 1973 die Steigung passiert und befinden sich in der großen Kurve oberhalb von Marktschorgast.

Die beiden Hofer Neubaukesselloks 001 210-4 und 001 164-3 stehen am Mittag des 21. April 1969 bereit, um den nach 37-minütiger DDR Grenzabfertigung in Gutenfürst planmäßig um 13.02 Uhr aus Dresden eintreffenden D 146 in Richtung München zu bespannen. Zunächst sind die Kurswagen nach Nürnberg in den D 546 zu übernehmen.

Nach Abzug der Nürnberger Kurswagen verlässt am 25. März 1967 der D 146 Dresden–München den Hofer Hauptbahnhof, gezogen von der mächtig dampfenden 01 128 des hiesigen Bahnbetriebswerks. Im Hintergrund steht links am Bahnsteig die 38 3015 des Bw Weiden, die vor dem Personenzug 1210 nach Regensburg auf die Abfahrt wartet.

Im warmen Abendlicht eines Maitages 1970 setzt sich 001 150-2 im Hauptbahnhof Nürnberg mit dem D 147 Straßburg–Hof gerade in Bewegung. Die 01 ist eine Dame mit bewegter Vergangenheit, führte sie doch von Henschel & Sohn gerade ausgeliefert die Parade von zehn 01ern anlässlich des 100. Geburtstags der Deutschen Eisenbahnen 1935 an. 1973 ausgemustert, blieb sie dank der Übernahme durch einen bekannten Bielefelder Fabrikanten erhalten und wurde später von der Deutschen Bundesbahn übernommen, um einige Jahre lang mit historischen Zügen eingesetzt zu werden.

Hamburg Hbf 1957: Kein Fahrdraht stört das reinrassige Dampfbild. Eine V 200 nach Lübeck war gerade abgefahren und hatte damit das Feld der Richtung Büchen startbereiten Baureihe 78 vor einer Donnerbüchse mit geschlossenen Plattformen überlassen. Vorn steht 78 360 ohne Eigentumsbezeichnung als »Dampf-S-Bahn« nach Harburg. Sie verdeckt eine Schnellzuglok, bei der es sich wegen der vorhandenen Glocke um eine Bremer 03 handeln dürfte. Die 03 benötigte das Läutewerk für die Strecke Bassum–Rahden–Bünde mit den zahlreichen unbeschrankten Bahnübergängen, über die Eilzüge bis nach Frankfurt am Main über Altenbeken fuhren.

Der Fahrdraht hing seit der Elektrifizierung der Strecke nach Hannover 1965 im Hamburger Hauptbahnhof. Aber der Anblick eines in Dampfwolken gehüllten Zuges von der Altmannbrücke an der beeindruckenden Ausfädelung der Gleise nach Süden faszinierte 1967 nicht nur Eisenbahnbegeisterte. Noch gut ein Jahr ließ sich dieses Schauspiel verfolgen: Im September 1968 hatten die Dampfloks ausgedient.

Nach dem Traktionswechsel in Richtung Bremen und Ruhrgebiet, der zu einer völlig untypischen Aufstockung des Altonaer Bestandes führte, waren die letzten Einsatzgebiete für die ölgefeuerte $01^{10}$ die Strecken nach Kiel, Flensburg und Westerland auf der Insel Sylt. Bis zum Ende der Einsätze am 1. Oktober 1972 hatten die auch ohne Stromlinienverkleidung imposanten Maschinen durchweg vier bis fünf Hamburger Jahre hinter sich gebracht. Am 8. Juli 1970 überquert der von einer $01^{10}$ geführte Eilzug E 2109 mit DR-Kurswagen nach Berlin-Stadtbahn am Schluss den Nord-Ostsee-Kanal auf der Hochdonner Hochbrücke in Richtung Hamburg.

Auf der Emslandstrecke nach Emden und Norddeich überquert in der Abenddämmerung des 4. September 1974 eine Rheiner 012 den Küstenkanal nördlich von Dörpen. Der Kanal verläuft von der Ems fast immer parallel zur Bundesstraße 401 und mündet bei Oldenburg in die Hunte, die ihrerseits in die Weser fließt.

Von Hannover her hatte der Fahrdraht Bremen Hbf schon im Dezember 1964 erreicht und Hamburg ein gutes Vierteljahr später. Die Verbindung beider Hansestädte mit der Fortsetzung in Richtung Osnabrück ließ noch bis Herbst 1968 auf sich warten. Die 01 1092 vom Bw Hamburg-Altona pausiert mit dem D 96 nach Köln am 4. Mai 1967 in Bremen Hbf, dessen Halle damals noch nicht wieder verglast war. Seit dem Winterfahrplan 1966/67 hängte die Dampflok in Osnabrück von ihrem Zug ab.

Die nach dem Umbau aus 01 144 in Meiningen stärkste deutsche Zweizylinderschnellzuglok, die ölgefeuerte 01 0521-3 des Bw Wittenberge, wird mit dem D 263 nach Dresden am 9. Juli 1970 in wenigen Minuten den Hamburger Hauptbahnhof verlassen. Nachdem seit Winterfahrplan 1968 keine dampfbespannten Schnellzüge mehr in Richtung Bremen–Osnabrück fuhren, hielten in der großen Bahnhofshalle nur noch die Reichsbahnmaschinen mit ihren gewaltigen Auspuffschlägen die Erinnerung an die Dampfherrlichkeit wach. Im Juni 1973 war auch das vorbei.

Noch 75 Tage bis zum Einschalten des Fahrstroms auf der Kursbuchstrecke 218, wobei man im Bahnhof Buchholz den 8000. elektrischen Streckenkilometer erreichte. Noch sind D- und Eilzüge dampfbespannt, aber die Schönheit der Maschinen hatte 1968, im Jahr der Umstellung auf EDV-gerechte Loknummern, durch das fehlende Schild und die dürftige Pflege schon arg gelitten. Die 01 1066 jedoch scheint mit ihrem zusammengewürfelten Eilzugpark ihre herausragende Zukunft bereits zu ahnen, so wie sie am 12. Juli 1968 vor Meckelfeld stolz einhergefahren kommt.

012 104-6

Alles was rollen konnte, war im Sommer von Hamburg nach Sylt unterwegs, um Sonnenhungrige und Wasserratten an den Strand zu bringen. Bei der rasanten Fahrt am 7. Juli 1970 mit dem von 012 104-6 gezogenen Eilzug über den Hindenburgdamm registrierten nicht nur Durstige, dass es nicht mehr weit bis zum Eis- und Limonadenverkäufer war. Die Wasserfläche auf beiden Seiten des damals noch abschnittsweise eingleisigen Dammes versprach baldige Abkühlung.

Nächste Seite: Nachdem die elektrische Traktion im Herbst 1968 die ölgefeuerten Baureihen 012 (ex. $01^{10}$) und 042 (ex. 41) auf der Verbindung Hamburg–Osnabrück abgelöst hatte, fanden zunächst die Güterzugloks neue Arbeit auf der Emslandstrecke nach Norddeich. Der Winterfahrplan 1972/73 brachte nicht nur das Ende des Dampfbetriebs nach Westerland und damit in der BD Hamburg, sondern auch den Anschluss von Rheine an die elektrische Fahrleitung. Trotz des noch weiter eingeschränkten Betätigungsfelds für die Schnellzugmaschinen kam es vor, dass eine Güterzuglok der Reihe 042 im Reisezugdienst aushelfen musste. Vor Zügen mit einem relativ kurzen Abstand der Haltebahnhöfe war die 042 dank ihrer besseren Beschleunigung ein vollwertiger Ersatz für die 012. So ist Anfang September 1974 nördlich von Salzbergen vor dem mit sechs »Popwagen« fahrenden D 735 aus Köln keine 012 sondern die 042 347-5 zu sehen.

Zwischen TEE-Triebwagen und Reisezüge wagte sich hin und wieder ein Güterzug wie dieser von der Harburger 50 055 am 3. Mai 1967 bei Meckelfeld gezogene nicht enden wollende Zug. Telegrafen- statt Fahrleitungsmasten – das war schon fast vorbei!

Beifallskundgebungen wie bei einem großartigen Feuerwerk löste der vorbeifahrende Skandinavien-Holland-Express aus. Beim Betrachten der Aufnahme am 12. Juli 1968 südlich von Harburg kann man das angesichts des von der Altonaer 01 1077 gezogenen F 392 Kopenhagen-Hoek van Holland problemlos nachvollziehen. Wann sonst einmal begegneten einem so viele bunte Wagen von verschiedenen Eisenbahnverwaltungen einschließlich Wagon Lits in einem Zug.

Dampfromantik pur bietet die Aufnahme vom 29. April 1967 im Bahnhof Stade. Kurz vor der Abfahrt sehen wir 03 055 vom Bahnbetriebswerk Hamburg-Harburg mit ihrem Eilzug nach Cuxhaven neben Wasserturm und Wasserkran. Der Heizer wirft einen prüfenden Blick auf sein Werk. Es kann losgehen!

Aufnahme O. Blaschke

In voller Fahrt braust 012 081-6 Anfang Juli 1970 mit für sie leichter Last zwischen Elmshorn und Pinneberg am Einfahrtsignal von Priesdorf vorbei. Das Fahrtziel ist der Altonaer Bahnhof. Nach dem Ende der Dampfbespannung nach Westerland zu Beginn des Winterfahrplans 1972/73 wurde die rüstige Mittdreißigerin, seit 1955 mit Neubaukessel und 1957 mit Ölhauptfeuerung ausgerüstet, nach Rheine versetzt. Dort tat sie bis zur Abstellung der Baureihe am 31. Mai 1975 mit vier weiteren Artgenossinnen Dienst. Alle fünf: 01 1063, 1066, 1075, 1081 und 1100 sind neben weiteren Maschinen erhalten geblieben.

Lorch (Württ)

# Abseits der großen Linien

## Mit Dampf aufs Land

Als 1835 die erste Eisenbahn in Deutschland von Nürnberg ins benachbarte Fürth schnaufte, unterschied man verständlicherweise noch nicht zwischen Haupt- und Nebenbahnen. Deutlicher zeigten sich die Unterschiede bei der Inbetriebnahme der ersten, 115 Kilometer langen deutschen Fernbahn am 7. April 1839 zwischen Leipzig und Dresden. Höhere Baukosten als veranschlagt sind keine negative Erscheinung unserer Zeit, sondern machten bei dieser Strecke schon damals eine Verdoppelung des Aktienkapitals notwendig. Dieses und weitere Bahnprojekte beruhten auf der 1833 vom aus Reutlingen gebürtigen Nationalökonom Friedrich List vorgestellten Schrift »Über ein sächsisches Eisenbahnsystem als Grundlage eines allgemeinen deutschen Eisenbahnsystems und besonders über die Anlegung einer Eisenbahn von Leipzig nach Dresden«.
Während schon 1838 die Berlin-Potsdamer Eisenbahn und noch im selben Jahr die Verbindungen Braunschweig–Wolfenbüttel – die erste Staatsbahn in

Deutschland – sowie Düsseldorf–Erkrath dem Verkehr übergeben wurden, folgten in Ausführung von Lists Entwurf eines deutschen Eisenbahnnetzes bis 1840 die Magdeburg-Leipziger Bahn, die Rheinische Eisenbahn Köln–Aachen, die Taunusbahn Frankfurt (Main)–Wiesbaden, München–Augsburg und Mannheim–Heidelberg. Letztere als erste Eisenbahn in Baden und einzigen in Deutschland mit anfangs 1600 mm statt 1435 mm Spurweite. Dies blieben jedoch zunächst nur Ansätze, denn die Landkarte Deutschlands als bunter Teppich mit vielen Kleinstaaten zeigte, dass es bis zu überregionalen Planungen noch ein steiniger Weg war. Als 1845, zehn Jahre nach dem Startschuss in Nürnberg, das erste deutsche Kursbuch erschien, gab es in Deutschland schon fast 2.500 Kilometer Bahnstrecken, aber keine zentrale Planung. Deshalb wanden sich Eisenbahntrassen nach höchster staatlicher Genehmigung oft mit Hilfe von Brücken und Tunnels kurvenreich durch die Landschaft, um fremdes Territorium zu umgehen, auch wenn der 1834 gegründete Deutsche Zollverein Erleichterung gebracht hatte. Während es Österreich 1849/50 nicht gelang, der Vereinigung beizutreten, hatte das Königreich Hannover 1854 dagegen keine Probleme mit der Aufnahme.

Abseits der Magistralen entstanden Verbindungsstrecken. Häufig stellten die Nebenbahnen einen Umweg oder eine Verlängerung der jeweiligen Hauptlinie in anderer Form, auch als Zahnrad- oder Schmalspurstrecke, dar. Der Betrieb wies Parallelen zur Klein-, Lokal- oder Sekundärbahn auf, wurde aber in der Regel von der Staatsbahn abgewickelt.

Die zu Beginn des Eisenbahnzeitalters in Preußen auf private Initiative gegründeten Bahngesellschaften mussten gemäß der Regelung im Gesetz über die Eisenbahnunternehmungen von 1838 in der Konzessionsurkunde einen Passus akzeptieren, der dem Staat das Recht einräumte, nach Ablauf von 30 Jahren die Bahn zu übernehmen. Hiervon wurde in der Folge auch deshalb auf breiter Basis Gebrauch gemacht, weil die aus wirtschaftlichen oder strategischen Gründen notwendige Ausdehnung oder Erweiterung der Gleisanlagen nur der Staat finanzieren konnte.

Nach Bayern, wo man 1836 die »Fundamental-Bestimmungen« für den Bau von Eisenbahnen aufgestellt hatte, erließ Preußen 1838 das Gesetz über die Eisenbahnunternehmungen, von dem schon zuvor die Rede war, das seit 1892 das Kleinbahngesetz ergänzte. Diese genaue Unterscheidung zwischen Haupt- und Nebenbahnen machten andere deutsche Staaten nicht. Jede Bahnverwaltung interpretierte die zwischen 1850 und 1870 vom Verein deutscher Eisenbahnverwaltungen in Grundzügen aufgestellten »Bahnreglements« für den »Betrieb allgemein« – die Bestimmungen für Güter- und Personenverkehr sowie Bahnpolizei traten erst 1878 im ganzen Deutschen Reich in Kraft – nach eigenem Gutdünken. So führte zum Beispiel Sachsen auf defizitären Hauptstrecken den »Sekundärbahnbetrieb« mit geringerem Unterhaltungsaufwand und einfacher Betriebsabwicklung ein.

Anders als bei den Hauptbahnen experimentierten einige Länderbahnen bereits vor dem Ersten Weltkrieg mit Verbrennungstriebwagen, die den vergleichsweise teu-

Vorige Seite: Wer möchte da nicht mit in den Frühling 1968 reisen, auch wenn beim Aussteigen Bluse oder Hemd nicht mehr blütenrein sind! Die Aalener 78 482 hat ihren Eilzug in Schorndorf von der E 44 übernommen und wird in Lorch gleich eine Minute zum Aus- und Einsteigen halten. Die Spitze hinter dem jedem Modellbahner bekannten Stellwerk gehört zu einem Kirchenbau.

ren Dampfbetrieb auf Nebenbahnen ersetzen sollten. Diese Versuche hatten aber nur einen mäßigen Erfolg, denn die neue Technik erwies sich vorerst als sehr unzuverlässig. In den 20er-Jahren setzte die Reichsbahn diese Bemühungen fort, erzielte aber zunächst ebenfalls keinen Durchbruch.

Erst Mitte der 30er-Jahre bedeutete die Entwicklung der hydraulischen Leistungsübertragung beim Dieselmotor für Eisenbahnfahrzeuge einen wichtigen Schritt zur Kostensenkung und damit zum Überleben einiger Nebenstrecken – zu Lasten der Dampftraktion. Der technische Fortschritt förderte gleichzeitig die wachsende Konkurrenz der Eisenbahn, vor allem Omnibus und Lkw.

Der Zweite Weltkrieg bedeutete auch für die Nebenbahnen in der Bundesrepublik eine Zäsur. Der wachsende private Autoverkehr verstärkte ab Beginn der 50er-Jahre den Kostendruck auf die Schiene. Die Deutsche Bundesbahn (DB) beschaffte deshalb in großer Zahl die Triebwagen der Baureihen VT 95 und VT 98 sowie die Dieselloks der Baureihe V 100, die alle zusammen die Dampfloks auf Nebenbahnen zügig verdrängten.

Trotzdem rettete die großflächige Verdieselung viele Nebenstrecken der DB nicht vor dem Aus. Bei zahlreichen Stilllegungen gab es den gleichen Ablauf: Zunächst zog sich die DB aus dem defizitären Personenverkehr zurück und schloss danach die Güterabfertigungen und Wagenladungstarifpunkte.

Am Ende einer langen Entwicklung stand in den 90er-Jahren die Regionalisierung. Als am 1. Januar 1996 die Bahnreform in Kraft trat, übernahmen die einzelnen Bundesländer die Verantwortung für den Schienenpersonennahverkehr, d.h. sie bestellen seither Nahverkehrsleistungen auf den Bahnstrecken ihres Landes. Dafür erhalten die Landesregierungen finanzielle Zuwendungen vom Bund, die so genannten Regionalisierungsmittel. Dieser Wandel bewahrte einige Nebenbahnen vor dem Ende und bescherte anderen einen zweiten Frühling.

Von etwa 4.30 Uhr bis nach Mitternacht pendelten werktags 13 klassische Abteilwagengarnituren zwischen Berlin-Lichtenberg und Werneuchen, zum Teil bis Tiefensee oder Wriezen. Bis Ahrensfelde konnte auch der Eisenbahnfreund aus dem Westen in Nostalgie schwelgen. Am 18. Juli 1968 zog die 38 1530, mit alten Windleitblechen aber mit Klarsichtscheiben ausgerüstet, den »Tausendtürenzug« in Richtung Berlin.

Hier war das Blumenpflücken während der Fahrt schon verboten, mochten die aneinander gereihten Trittbretter des Zugs nach Werneuchen am 18. Juli 1968 auch noch so sehr dazu ermuntern. Aber dann hätte man mit der gestrengen Transportpolizei Bekanntschaft gemacht, und da waren Scherze absolut fehl am Platz.

Als die Baureihe 78 in der BD Hamburg noch Personen- und Eilzüge durch den Sachsenwald beförderte, stand 78 506 des Bw Hamburg Hbf im Frühsommer 1960 an der Spitze ihres Abteilwagenzuges in Wohltorf. Das Schild auf dem Bahnsteig lautete für jeden klar erkennbar: »Zug hält nicht zwischen Bergedorf und Berliner Tor«. Dies besorgt seit dem 1. Juni 1958 die elektrische S-Bahn. Schließlich sei noch auf die früher übliche Zugnummerntafel an der Pufferbohle hingewiesen.

Die Anfang der 70er-Jahre erfolgte Stilllegung der 15 km langen Nebenbahn Burgthann–Allersberg zeichnete sich am sonnigen 7.Mai 1970 noch nicht ab, als der werktägliche Zug 3511, gezogen von der 086 855-4 des Bw Nürnberg Rangierbahnhof, einen kurzen Halt an der einsam liegenden Station Seligenporten einlegte. Zwei Monate später hatte die Lok ausgedient.

Die 1942 erbaute 50 2991 mit Kabinentender steht am Mittag des Ostersonnabends 1967, 25. März, vor einem respektablen Personenzug in Hof. Blickfang ist natürlich das bayrische Signal »in Ruhestellung« am Hausbahnsteig mit dem modernen Zugdeckungssignal. Die Dampflok war erst vor kurzem von Schweinfurt nach Lichtenfels umbeheimatet worden. Die alten Bahnsteigüberdachungen sind bis auf einen Rest verschwunden.

Über ein halbes Jahrzehnt waren sie auf den Strecken um Gießen anzutreffen, die beiden 1955 von Henschel & Sohn gelieferten Tenderloks der Baureihe 66. Die Neubau-Maschinen gelten als die beste Dampflokkonstruktion der Deutschen Bundesbahn. Ein Stangenbruch beendete 1966 das Leben der 66 001, hier im Sommer 1965 abfahrbereit im Gießener Hauptbahnhof mit Post-, Stückgut- und Umbauwagen sowie einem Vorkriegsvierachser. Die Schwesterlok 66 002 hat dank der Deutschen Gesellschaft für Eisenbahngeschichte im Museum Bochum-Dahlhausen überlebt.

Die zweitgrößte Beschaffung einer Dampflokbaureihe nach dem Zweiten Weltkrieg durch die Deutsche Bundesbahn war die Güterzugtenderlok der Baureihe 82 mit 41 Exemplaren. Die in Hamburg eingesetzten Maschinen teilten sich mit Baureihe $94^{5-17}$ hauptsächlich Rangierdienste in Rothenburgsort, Wilhelmsburg und die Zubringerfahrten in den Hafen. Wie in Freudenstadt und Koblenz traf man die bullige Lok auch in Emden im Reisezugdienst an. Die in Esslingen gebaute 082 033-2 wartet am 22. Mai 1969 im früheren Bahnhof Emden West (jetzt Hbf) auf den Abfahrauftrag in Richtung Emden Außenhafen. Der Zugzielanzeiger würde heute zu den Glanzstücken eines jeden Eisenbahnmuseums zählen.

Die Reichsbahn-Einheitslok 24 067 und eine DB-Neubau-Lokomotive der Reihe 23 begegnen sich Ende Oktober 1965 an der Ausfahrt des Bahnhofs Rheydt. Als Letzte ihrer Familie stand die 24 067 unter Dampf. Sie machte gerade eine Pause beim Rangieren, während die 23 041 in Richtung Köln unterwegs war.

Als die Stadt Frankfurt für die Straßenbahnlinie 16 nach Offenbach Zweirichtungsfahrzeuge brauchte, wurden die acht 26,1 m langen Gelenktriebwagen vom Hersteller Düwag, Düsseldorf, selbstverständlich per Bahn auf den Weg gebracht. Am 14. Mai 1969 sehen wir eine solche Fuhre, die von einer 50er gezogen, den Bahnhof Dillenburg passiert. Heute würde dieser Transportweg beim Kostenvergleich mit der Straße nicht mithalten können.

Als diese Aufnahme in Reinheim am 1. November 1968 entstand, befand sich der Großteil der noch betriebsfähigen Maschinen der Neubaureihe 65 im Bahnbetriebswerk Darmstadt. Sie bespannten unter anderem die Personenzüge auf der Strecke 317f nach Erbach (Odenw). Die letzten drei der ursprünglich 18 Lokomotiven wurden 1972 in Aschaffenburg ausgemustert.

Den Löwenanteil an den Neubau-Dampflokomotiven der Deutschen Bundesbahn machten die Schlepptendermaschinen der Baureihe 23 aus, die seit 1950 in 105 Exemplaren beschafft worden waren. Zwischen Schwäbisch Hall-Hessenthal und Schwäbisch Hall konnte der Lokführer im Sommer 1968 auf einem geraden Abschnitt einmal richtig Dampf geben. Gleich würden die Windböen der nahenden Wetterwand den ganzen Zug mitsamt der 23 060 vom Bw Crailsheim in Qualm einhüllen.

War die 23 060 von Crailsheim nach Saarbrücken versetzt worden, so hatte die 23 069 den umgekehrten Weg nach Crailsheim genommen. An einem Spätsommertag 1968 fährt die 023 069-8 mit dem Zug 2542 nach Niederstetten, der werktags außer Samstag verkehrte, um 17.05 Uhr in Edelfingen an der Strecke Lauda-Bad Mergentheim ein. Der Lokführer der 023 084-4 mit Zug 2541, ab 17.06 Uhr nach Lauda, wartet schon darauf, seinem Kollegen wegen des oft beklagten »Wasserreißens« bei der 23 ein aufmunterndes Wort zuzurufen.

Zwei Maschinen bringen an einem kalten Januartag des Jahres 1971 einen langen Güterzug die Steigung bei Sülzbach an der Strecke Heilbronn–Öhringen–Schwäbisch Hall hinauf. Die vorgespannte Heilbronner 50 lässt vor lauter Dampfentwicklung kaum einen Blick auf die 44er und die Wagenkomposition zu.

Im Frühling 1968 trägt die 64 271 vom Bahnbetriebswerk Aalen noch die vertraute Loknummer, als sie sich nach Unterquerung der Bundesstraße 29 am Kilometerstein 45,2 mit ihrem Personenzug in schneller Fahrt dem Bahnhof Schwäbisch Gmünd nähert. Auf Zusatzschildern zum Stationsnamen ist zu lesen, dass man sich in der Gold- und Silberstadt befindet.

Wo sich heute ein ausgedehntes Industriegebiet erstreckt, zeigt sich hinter Böblingen in Richtung Ehningen zwischen Mais, Kornfeldern und Wiesen im August 1971 das klassische Profil der Baureihe 38 mit Kastentender vor dem Zug 3955 ab Sindelfingen. Bis Eutingen brachte der Reisezug alle nichtmotorisierten Mitarbeiter eines bekannten Automobilherstellers in das Gäu.

Die Crailsheimer 23er kamen bis nach Ulm, Backnang, Heilbronn, Heidelberg und Richtung Nürnberg. Im Juli 1971 steht die 1950 als erste von Henschel & Sohn abgelieferte 023 001-1 in Osterburken, um mit Zug 3828 von Lauda um 16.40 Uhr nach Heidelberg Hbf abzudampfen. Der badische Wasserturm bildet zur Dampfatmosphäre die stilvolle Ergänzung.

Im Juli 1878 eröffnete die Königlich Württembergische Staatseisenbahn den Streckenabschnitt Balingen–Sigmaringen der Zollernbahn. Ende Oktober 1967 müht sich die Tübinger 38 3559 mit dem »Mittagszug« 2368, 12.19 Uhr ab Tübingen, nach Sigmaringen. Bei Lautlingen überquerte die preußische P 8 den in der Steigung liegenden 60 m langen Gewölbeviadukt zur Mitteleuropäischen Wasserscheide kurz vor Ebingen.

Eine Abendstimmung im Rangierbahnhof Horb um 1970: Während eine Lok der Baureihe 50 unter mächtiger Dampfentwicklung sich mit dem Kabinentender voraus in Richtung Bahnhof begibt, legt im Hintergrund eine P 8 mit ihrer Wagengarnitur eine Pause ein. Weitere Reisezugwagen sind offensichtlich als Reserve abgestellt. An dieser Anlage führten erstmals 1867 Gleise von Horb nach Talhausen und neun Monate später bis Rottweil vorbei.

Vom Aufnahmestandort des Titelbildes an der Ausfahrt von Tübingen nach Sigmaringen genau in die Gegenrichtung geschaut, bietet Ende 1967 der von 64 513 gezogene Sonntagsausflugszug 2362 nach Ebingen diese ungewöhnliche »Sonnenfinsternis«. Am Zughaken des »Bubikopfes«: drei B3y, ein AB3y und ein B4y.

Im Winter 1969/70 hatte die 044 340-8 vom Bw Rottweil keine große Mühe mit ihrem Güterzug auf der Gäubahn vor Oberndorf. Streng genommen trifft der Streckenname nur bis Horb (und weiter bis Freudenstadt) zu. Die herrlich lange Dampffahne ist weniger der Last als mehr der Außentemperatur zu verdanken.

Ein Güterzug mit BR 50 und Vorspann durch die Crailsheimer 044 374-7 (ex 44 1374) hat von Heilbronn kommend den 891 m langen Weinsberger Tunnel durchfahren, dessen Bau von 1859 bis 1862 dauerte. Die Sonne hatte an diesem schönen Herbsttag des Jahres 1968 noch einmal alle ihre Register gezogen, so dass den beiden Lokmannschaften ganz schön warm geworden sein dürfte.

Auf der Kursbuchstrecke 783, der »Hohenlohebahn«, die Anfang 1971 noch 323a hieß und damals ihrem 99. Geburtstag entgegensah, spielte sich ein Betrieb ab, der die Kälte nicht spüren ließ. Güterzüge, gezogen von Maschinen der Baureihen 44 und 50, wechselten vor der winterlichen Kulisse von Weinsberg mit der bekannten Burg Weibertreu mit Reisezügen ab, vor denen sich neben der Crailsheimer 23 auch schon mal eine 211 oder 212 zeigte.

Solch ein langer Güterzug, wie er im Vorfrühling 1968 auf der Remsbahn bei km 42 zwischen Waldhausen und Lorch angefahren kam, war schon harte Arbeit für die Ulmer 50 1046, wenn nicht wegen der wechselnden Neigungsverhältnisse der Zug nur rollte. Das Bw Aalen hatte nur die Baureihen 64 und 78 im Bestand, so dass die Einsätze der Baureihe 50 von Ulm erfolgten, trotz größerer Entfernung von 36 km gegenüber Crailsheim.

Der wohl kürzeste von der Schnellzuglok der Baureihe 03 gezogene Reisezug muss der von Montag bis Freitag verkehrende 3329 Aulendorf–Friedrichshafen gewesen sein. Am 5. Oktober 1971 setzt sich die Ulmer 003 268-0 nach einem kurzem Halt in Mochenwangen mit ihrem Umbauvierachser 2. Klasse in Bewegung, nachdem sie den nicht nur Schwaben bekannten Bahnhof Durlesbach ohne Halt durchfahren hatte.

Die Folgen des Traktionswechsels: Zum Jahreswechsel 1970/71 hatte nur noch Ulm als Auslauf-Bw einen Bestand von zehn einsatzfähigen Maschinen der Baureihe 03. Diese Zahl erlaubte es, bis zum Frühjahr/Sommer 1971 drei Loks in Crailsheim und Lauda zu stationieren. Eine Maschine fuhr morgens in einem 23er-Plan mit E 1870 Lauda–Stuttgart bis zum Fahrdrahtanfang in Backnang. Dort stand sie den ganzen Tag bis zur Übernahme des E 1879 um 17.53 ab Backnang. Die ehemalige Mönchengladbacher 003 248-2, im Juni 1971 abgestellt, passiert im Mai in voller Fahrt den Haltepunkt Backnang-Steinbach.

Ein schwerer Güterzug schnauft, von einer Lok der Baureihe 44 gezogen, die langgedehnte Steigung vom im Hintergrund sichtbaren Herrenberg nach Nebringen hinauf. Das negative Formhauptsignal, 1967 noch weit verbreitet, lässt den Lokführer aufatmen: »Freie Fahrt!« Er hat den Zug in Böblingen von einer E-Lok übernommen. An dieser Stelle wurde die Fahrleitung erst 1974 bis Horb gespannt.

Ein beliebtes Fotoobjekt ist der »Mittagszug« 2368 von Tübingen nach Sigmaringen, den die sauber geputzte Lok 38 3559 um 12.52 Uhr an einem Wintertag 1967/68 in Bad Sebastiansweiler-Belsen mit wuchtigen Auspuffschlägen in Bewegung setzt. Nach knapp 3 Kilometern würde die preußische P 8, die ihren Dienst 1921 bei der Direktion Cöln angetreten hatte, 400 Meter über ehemals preußisches Gebiet fahren, um bis Sigmaringen noch mehrmals die alte Grenze zu wechseln.

Im Sommer 1965 begegnen sich in Nagold die 1927 mit drei Schwesterloks von der Maschinenfabrik Esslingen für die Schmalspurstrecke Nagold-Altensteig erbaute 99 193 und die vor einem Güterzug stehende 50 902 vom Bahnbetriebswerk Freudenstadt. Die 15,11 km lange, 1891 erbaute Strecke nach Altensteig war die erste Schmalspurbahn Württembergs und einzige Staatsbahnstrecke in Meterspur. Die von der Konstruktion der sächsischen VI K ähnliche 99 193 gehört seit 1968 zum Bestand der schweizerischen Museumsbahn Blonay-Chamby am Genfer See.

Im Herbst 1967 nähert sich auf der Kursbuchstrecke 307a (heute 766) Tübingen–Sigmaringen ein Güterzug zwischen Gomaringen Haltepunkt und Nehren dem einsam liegenden Bahnwärterhaus. Wie zu sehen, müht sich die Zuglok der Baureihe 50 auf der von Tübingen ständig ansteigenden Strecke redlich ab.

# Bienenfleißig –

## Rangierdienst und Mehr

Die hölzernen und zum Teil mit Eisen belegten oder ganz aus Eisen gefertigten Spurbahnen im deutschen und englischen Bergbau bildeten den Untersatz für die Kohle- oder Erzbeförderung, also für Güter. Der Engländer Trevithick konstruierte 1803 seine erste Dampflokomotive für Schienenbetrieb, die eine Last von 500 Zentnern ziehen konnte.

Auf der Abbildung des von der Lokomotive »ADLER« 1835 gezogenen ersten Zuges auf der Ludwigsbahn sieht man nur offene und geschlossene Personenwagen. Es heißt zwar, dass »Personen und Waren mittelst Dampf-, Pferde- oder sonstiger Kraft transportiert werden«, aber nach Aussage anderer Quellen musste sich die Nürnberger Lederer-Brauerei sehr bemühen, bis sie am 11. Juli 1836 zwei Fässer Bier mit der Bahn nach Fürth versenden konnte. Doch drei Jahre später wurde bereits einmal pro Woche ein Viehtransport durchgeführt, und bis 1845 entwickelte sich auf der ersten deutschen Eisenbahn ein reger Güterverkehr.

Im Jahr 1850 schuf der vier Jahre zuvor gegründete Verband der preußischen Eisenbahnen, der sich später auf alle deutschen Eisenbahnverwaltungen ausdehnte, ein »Reglement für den Güterverkehr«. Das Anwachsen des Eisenbahnnetzes, verbunden mit steigendem Güteraufkommen und dem Zusammentreffen isolierter Streckenabschnitte, zog den Bau von Umlade- und Rangierbahnhöfen nach sich. Während die Streckenlokomotiven nach Abstellung ihres Güterzugs in den Schuppen oder zum Kohle- und Wasserfassen fuhren, zerlegten kleine Rangiermaschinen die Züge und stellten sie neu zusammen oder bedienten mit den Waggons die jeweiligen Anschlussgleise.
Nach Gründung des Deutschen Eisenbahn-Verkehrsverbands 1886 und Abschluss des internationalen Übereinkommens über den Eisenbahnfrachtverkehr 1890 entfiel das Entladen eines Waggons einer Bahngesellschaft im Grenzbahnhof zum übrigen Netz oder dem Ausland, während das Umladen von Regel- auf Schmalspurwagen oder in ein anderes Transportmittel weiterhin beibehalten werden musste.

Vorige Seite: Nur etwas mehr als zwei Jahre noch sollte sich den Dienst tuenden Beamten auf Stellwerk »Ra« des Rangierbahnhofs Hamburg-Rothenburgsort dieser Anblick bieten. Am 9. Juli 1970 hat der Betrachter die preußische T $16^1$ Nr. 094 891-9 im Blickfeld. Das Ende der Dampflokunterhaltung in Rothenburgsort am 1. November 1972 bedeutete auch das Ende dieser weniger bekannten Dienststelle, deren Existenz zehn Jahre später nicht mehr auszumachen war.

Die Rangierbahnhöfe und der Lokomotivbestand der dazugehörigen Bw wuchsen über die Jahrzehnte zum Teil gewaltig. Nur als Beispiel seien Hamburg-Rothenburgsort und Wilhelmsburg, Hannover Hgbf., Hohenbudberg, Gremberg, Köln-Eifeltor, Haltingen, Ulm und Rheine genannt, wo es bis kurz vor dem endgültigen Abschied der schwarzen Schönheiten noch dampfte.
Im Juli 1977 nahm die Deutsche Bundesbahn die erste Ausbaustufe ihres bis dahin flächenmäßig größten Rangierbahnhofes südlich von Hamburg im niedersächsischen Maschen in Betrieb. Er ersetzte gleich fünf ältere Anlagen in der Hansestadt: Eidelstedt, Hauptgüterbahnhof, Rothenburgsort, Wilhelmsburg und Harburg. Drei Monate vor dem Ausscheiden der letzten Dampflok aus dem Triebfahrzeugbestand der DB stieg über der neuen Anlage natürlich keine Dampfwolke mehr auf.
Verglichen mit heute waren das noch ganz andere Zeiten, als die Bundesbahndirektion Stuttgart 1960 in der offiziellen Jubiläums-Festschrift »125 Jahre Deutsche Eisenbahnen« berichtete: »Erstaunlich hoch sind die Rangierleistungen, die Tag für Tag im Bezirk zu bewältigen sind. Bis zu 4.200 Güterwagen werden täglich allein im Rangierbahnhof Kornwestheim, 2.500 werden in Ulm ‚zerklopft', wie es die rauhe Sprache der Rangierer nennt, und wieder zusammenrangiert. Hier werden die Züge und Wagen verteilt, die das Rohmaterial in die Fertigungs- und Veredelungsbetriebe des Bezirks bringen. Hier fließt wieder zusammen, was durch prächtige Handwerksarbeit und durch hochqualifizierte Industrieverarbeitung an Wert gewonnen hat«.

1965 war die Güterzugbaureihe 55, die ehemalige preußische G $8^1$, seit 1913 gebaut, mit noch über 200 einsatzfähigen Loks verstärkt im Raum Köln/Ruhrgebiet im Rangierdienst anzutreffen. Die 55 3029 des Bw Rheydt, die Ende Oktober 1965 eine Pause in Rheydt einlegt, war eine Zweitbesetzung dieser Nummer. Sie wurde im Zweiten Weltkrieg durch die Reichsbahn von der PKP als Tp 4 übernommen.

Die von der preußischen Güterzugbaureihe 58 (ex G 12) abgeleitete Reihe $56^{20}$ (ex G $8^2$) wurde ab 1919 in großen Stückzahlen beschafft. Nach dem Zweiten Weltkrieg hat man die Maschinen vor allem in Westdeutschland in rascher Folge abgestellt, wovon auch die am 9. April 1966 im Bw Duisburg Hbf aufgenommene 56 2637 nicht ausgenommen war. Laut Beschilderung gehörte die Lok zuletzt zum Bw Ruhrort Hafen. Leider hat die längere Abstellung des letzten Exemplars nicht zu einer musealen Erhaltung geführt.

Um die Wette dampfen im Spätherbst 1967 in Heilbronn Süd die 1928 nach Württemberg versetzte sächsische VI K 99 651, die mit Zuckerrüben aus dem Bottwartal gekommen war, mit der Heilbronner 50 480, die nun mit den von den 750 mm-spurigen Rollböcken abgezogenen Wagen der Heilbronner Zuckerfabrik zustrebt.

Eine der wenigen, noch im Betrieb befindlichen Loks der Baureihe 41 mit einem Altbaukessel, die Rheiner 41 032, ist am 30. April 1968 mit einem Güterzug vom Rangierbahnhof Rheine in Richtung Norden unterwegs. Die 41er führte ihre Wasser- und Kohlenvorräte noch in einem genieteten 2′2′T32-Tender mit. Noch mit der neuen EDV-Nummer umgezeichnet, hatte sie ein Jahr später ihre Schienenkarriere beendet.

Der allen Enthusiasten des ausklingenden Dampfbetriebs bei der Deutschen Bundesbahn wohl bekannte 4000-Tonnen-Erzzug von Emden ins Ruhrgebiet wird am 22. Mai 1969 noch von kohlegefeuerten Loks der Baureihe 44 gezogen. Während der Heizer der Zuglok kräftig nachlegt, blasen die Sicherheitsventile der vorgespannten 044 290-5 vom Bw Emden bereits ab. Wenig später werden Rheiner Ölloks der Baureihen 042 und 043 den Erztransport übernehmen.

Wenn in Rheydt im Spätherbst 1965 einiges im Umbau zu sein scheint, auf die tüchtige preußische G 8$^{1}$ mit der Nummer 55 2899 kann man offensichtlich zum Rangieren noch nicht verzichten. Aber am 11. Mai 1966 war das Feuer unter dem Kessel dieser fleißigen Maschine für immer erloschen.

Das Bahnbetriebswerk Gießen war in der zweiten Hälfte der 60er-Jahre für den Dampflokfreund nicht nur wegen der hier anzutreffenden Neubaulokomotiven wie Baureihen 10, 65 und 66 interessant, denn neben V 36 und ETA 150 wurde fallweise noch die 56 868 im Personennahverkehr eingesetzt. Mitte 1965 rangiert sie mit einem Zug aus Umbau-Dreiachsern im Bahnhof Gießen. Entgegen dem Kursbuch weicht die Schreibweise auf dem sichtbaren Bahnhofsschild ab: »Giessen«!

Der von Henschel & Sohn in Kassel entwickelte Fünfkuppler mit von der P 8 übernommenem Kessel und Führerhaus erschien erstmals 1910 auf deutschen Gleisen. Am 4. Mai 1967 steht die 1922 von Borsig abgelieferte 57 2559 im Bahnbetriebswerk Hagen Güterbahnhof, das rund 50 Jahre lang diese Loktype einsetzte. Die ehemalige »5607 Halle « wurde von der Deutschen Bundesbahn mit Rangierfunk ausgerüstet. Sie kam Mitte der 60er-Jahre vom Bw Siegen hierher und beendete ihr Dasein am 24. Juni 1970 als 057 559-7 im Bahnbetriebswerk Bestwig.

Die 50 256 vom Bw Hamburg-Rothenburgsort zieht am 12. Juli 1968 einen dänischen Militärtransport unter der fertigen Fahrleitung bei Meckelfeld in Richtung Harburg. Der zweiklassige Hechtwagen aus den 20er-Jahren und die betagten Vierachser der Dänischen Staatsbahn könnten Schmuckstücke in jedem Museumszug sein.

Mit ihrer Versetzung 1969 von Kaiserslautern hat 094 086-6, die frühere 94 1086, den T 16$^{1}$-Bestand beim Bw Hamburg-Rothenburgsort wieder ergänzt. Am 9. Juli 1970 wartet sie am Stellwerk »Ra« auf neue Rangieraufgaben.

Am 14. Mai 1969 rangiert 094 538-6, die ehemalige 94 1538, einen Güterzug im Bahnhof Dillenburg. Um auch für den Steilstreckenabschnitt Herrnberg–Hirzenhain in Richtung Gönnern vor Reisezügen eingesetzt werden zu können, wurde die Lok mit einer Riggenbach-Gegendruckbremse ausgerüstet.

Der internationale Schlafwagen im Hintergrund könnte dem Hauptbahnhof Hannover Weltstadtflair verleihen, wenn da nicht dieses Arbeitstier der Baureihe 50 wäre, für dessen Nummer es kein Schema gibt. Das am 18. Mai 1968 fotografierte Kuriosum 51 604 war die alte Loknummer 50 1604 aus Bremen und wurde die Lehrter 051 604-7. Sie wurde z-gestellt, nach Hohenbudberg überführt und dort wohl reaktiviert.

Wenig Betrieb gab es nach dem Zweiten Weltkrieg auf der früher stark befahrenen Strecke Hamburg–Wittenberge–Berlin. Die zweigleisige Trasse reichte aus für die meist in Aumühle endenden Dampf-S-Bahnzüge, die mit Rothenburgsorter 50ern bis und von Büchen bespannten Güterzüge und die wenigen Fernzüge in Richtung Berlin und Dresden. Am 13. Juli 1968 fährt die 50 2281 am Aumühler Fernbahnsteig vorbei, während auch in Richtung Büchen eine Fahrt gezogen ist.

Da muss doch tatsächlich die würdige P 8 an einem Augusttag 1970 in Horb für Rangierdienste herhalten. Hinter der EDV-Nummer 038 553-4 verbirgt sich die 38 3553. Sie begann ihre Laufbahn bei der RBD Essen und kam 1965 vom Bw Bestwig aus der BD Wuppertal nach Tübingen, wo sie am 21. März 1972 abgestellt und fünf Monate später ausgemustert wurde.

Nicht allein, dass die stolze Schnellzuglok der Baureihe 03 nur mit einem Wagen durch die Gegend ziehen musste (wie auf Seite 61 zu sehen), sie wurde auch vor Bauzüge gespannt, wie es der Ulmer 003 160-9 am 28. Mai 1968 widerfuhr. Die Bauarbeiten fanden bei Herbertingen an der Strecke Ulm–Tuttlingen statt.

Aufnahme: O. Blaschke

Auf der Emslandstrecke präsentiert sich am 7. September 1974 der in Emden gestartete 4.000-Tonnen-Erzzug kurz vor Lahten. Vor dem Zug befindet sich noch eine Kohle-044er vom Bahnbetriebswerk Emden, während die frisch nach Rheine gekommene ölgefeuerte 043 121-3 Vorspanndienst leistet.

Am 23. Mai 1969 tummeln sich noch sechs Exemplare der Neubaureihe 82 in Emden, wie hier 082 036-5 auf der Klappbrücke am alten Binnenhafen mit einer Übergabe von Emden West. Am Ende des Folgejahres ist keine Lok mehr im Einsatz, nur das Bahnbetriebswerk Koblenz-Mosel hat noch fünf Maschinen unter Dampf. Entgegen der Eisenbahn-Signalordnung bedeutet die ungewöhnliche Flügelstellung des Schiffssignals hier, dass die Schiffspassage gesperrt ist.

# Hoch hinaus!

## Dampf am Berg

Je nach ihrer Anhängelast konnte für die Dampflokomotive schon eine leichte Steigung, vielleicht noch in einer Kurve gelegen, große Anstrengung bedeuten. Die Folgen bestanden meist aus einer imposanten Dampfentwicklung und weithin hallenden Auspuffschlägen.

Die erste und steilste Überschienung eines Mittelgebirges hatte 1850 Baurat Michael Knoll mit der Inbetriebnahme der Geislinger Steige im Zuge der württembergischen Ostbahn von Stuttgart nach Ulm erreicht, nachdem lange Zeit strittig gewesen war, auf welche Art und Weise die Eisenbahn erstmals in Europa eine solche Barriere wie die Schwäbische Alb technisch überwinden könnte. In den Planungen hierzu war sowohl von einem Seilzugbetrieb mit stationären Dampfmaschinen die Rede als auch vom Bau der Strecke mit Spitzkehren.

Die Rückführung der ab Geislingen eingesetzten Vorspannlokomotiven erforderte nach relativ wenigen Betriebsjahren ein zweites Gleis. Bis zur Aufnahme der elektrischen Zugförderung 1933 und noch danach wurde mit der preußischen T 20 (BR 95) nachgeschoben, die dort die württembergische T 14 (BR 93) und preußische T 16[1] (BR 94) bzw. ihre württembergische Schwester Tn (BR 94.1) abgelöst hatte.

Mit dem 125. Geburtstag der Deutschen Eisenbahnen 1960 war die 1949 gegründete Deutsche Bundesbahn gerade elf Jahre alt geworden. In diesem Zeitraum hatte nach Beseitigung der Kriegsschäden eine umfassende Modernisierung nicht nur in Betrieb und Fahrzeugpark, sondern auch bei Anlagen und Hochbauten stattgefunden. 1959 waren die Verbindungen Ruhrgebiet–Süddeutschland und Regensburg–Passau (–Wien) elektrisch befahrbar. Über die Mittelgebirgsrampen der Nord-Süd-Strecke erreichte der Fahrdraht 1963 schließlich Hannover.

Zu dieser Zeit dampften noch die P 10 (BR 39) des Bahnbetriebswerks Villingen über die Schwarzwaldbahn, doch hier machte den Vierkupplern zunehmend die schwere Diesellok der Baureihe V 200 Konkurrenz, die 1953 auf der Deutschen Verkehrsausstellung in München zuerst vorgestellt worden war. Die Trassierung dieser 1873 eröffneten Bahnlinie, für die der geniale badische Baudirektor Robert Gerwig den schwierigen Weg über Triberg wählte, ist ein Paradebeispiel für die Berührungsängste des Großherzogtums Baden gegenüber seinem Nachbarn, dem Königreich Württemberg.

Zu den letzten Bergstrecken, auf denen man in der Bundesrepublik die Repräsentanten des zu Ende gehenden Dampfzeitalters erleben konnte, gehörte die bekannte »Schiefe Ebene« Neuenmarkt-Wirsberg–Marktschorgast im Zuge der Strecke Lichtenfels–Hof. Dieser Steilstreckenabschnitt ist seither ein beliebtes Einsatzgebiet für museale Dampfaktivitäten.

Vorige Seite: Zu den wichtigsten Verbindungen im Ost-West-Verkehr gehört die Strecke Halle–Nordhausen–Altenbeken–Paderborn–Ruhrgebiet, die seit 1878 durchgehend befahrbar ist. In ihrem Verlauf befindet sich der 1851–1853 erbaute, 485 m lange und 35 m hohe Granitviadukt Altenbeken. Dessen eigentlicher Name »Bekeviadukt« ist kaum bekannt. Am 2. Mai 1968 fährt ein Güterzug mit einer Dreizylinder-Maschine der Baureihe 44 über die nach schweren Bombenschäden 1944/45 erst 1950 ganz wiederhergestellte Talüberquerung.

Die ehemalige Limburger 38 3622, 1966 nach Tübingen umstationiert, wurde nach nur einem Jahr ausgemustert. An einem Sommertag des Jahres 1966 ist sie aber noch im Schiebedienst ab Horb auf der Steigung nach Eutingen hinter D 565 Reggio di Calabria–Rom–Zürich–Stuttgart zu sehen, der von einer V 200 gezogen wird. Die Konstruktion der gerade befahrenen, in der Kurve liegenden Spannbetonbrücke über den Neckar wird als technische Besonderheit gerühmt.

Würde an der preußischen T 16$^1$ nicht die EDV-Nummer 094 533-7 prangen, so könnte man die Aufnahme vom 14. Mai 1969 im Bahnhof Dillenburg glatt zehn Jahre zurückdatieren: Lok, Packwagen, damals ganz moderne Umbau-Dreiachser ergeben mit Bahnsteigausrüstung, Ausgang, Gepäckkarren, Ankunftstafel und Ruhebank ein stimmiges Bild von einer beschaulicheren Zeit.

Die Dillenburger 094 533-7, die ehemalige 94 1533, hat mit ihrem Nachmittagspersonenzug die Steilrampe zwischen Herrnberg und Hirzenhain bezwungen. In Gönnern angekommen, hat sie vom hier endenden Zug abgehängt, um ihren Durst am Wasserkran zu löschen. Ist der Wasservorrat ergänzt, geht es umgehend zur Rückfahrt nach Dillenburg wieder an den Zug.

Seit 1955 werden die schweren Tenderloks der Baureihe $94^{5-17}$ auf der Murgtalbahn durch zwei Maschinen der Neubaureihe 82 aus Esslingen unterstützt. Auch sie sind mit einer Riggenbach-Gegendruckbremse ausgerüstet. Am 30. April 1966 zeigt sich noch kein Grün an den Bäumen, an denen vorbei die 82 040 mit dem Zug 3926 in Baiersbronn einfährt.

Kurz vor dieser Aufnahme am 10. Oktober 1965 kam die 82 041 allein von Freudenstadt heruntergefahren, um ihrer Schwestermaschine 82 040 als Schub beim E 770 mit Kurswagen von Dortmund ab Baiersbronn zu assistieren. Der Anblick des Gespanns lässt das Herz höher schlagen.

Am 30. April 1966 ist es die 94 1268, die 1922 von Hanomag, Hannover-Linden, als »8638 Essen« abgelieferte T $16^1$, die der Zuglok beim Hochdrücken des E 770 nach Freudenstadt-Stadt hilft.

Während die Schwarzbunten unter blühenden Obstbäumen Mittagsschlaf halten, donnert die Ottbergener 044 678-1, früher in Emden zu Hause, im Mai 1976 unweit ihrer Heimatdienststelle eine Steigung in Richtung Altenbeken herauf. Am 29. Mai fuhr hier der letzte Dampfgüterzug mit BR 44 des Bw Ottbergen.

Die von der preußischen »Königlichen Kommission für die Westfälische Eisenbahn« geplante und 1853 fertig gestellte Verbindung Paderborn–Warburg (–Kassel) führt neben dem Altenbekener Viadukt über ein etwas kleineres Bauwerk, den Neuenbekener oder eigentlich Duneviadukt. Eine zum Personenzugdienst degradierte 01 mit Neubaukessel passiert am 2. Mai 1968 das in Reparatur befindliche Gemäuer. Die Lok dürfte zum Bahnbetriebswerk Paderborn gehören, das Ende 1967 einen Bestand von neun Maschinen mit Neubaukessel hatte.

Etwas eindrucksvoller wirkt der seit 1853 befahrene Neuenbekener Viadukt von Süden her. Ein Pfeilerfuß rechts im Bild könnte auf eine Beschädigung im Zweiten Weltkrieg hindeuten. Mutterschafe und Lämmer interessieren sich nicht für die qualmende 043 mit ihrem Güterwagensortiment!

Nach einer Kriegszerstörung wurde die Weserbrücke bei Wehrden im Zuge der Verbindung Northeim–Altenbeken eingleisig wieder aufgebaut. An einem Frühlingstag, dem 8. Mai 1976, passiert ein langer Güterzug die 425 m lange Stahlkonstruktion. Die ungepflegte Zuglok der Reihe 044 gibt leider ihre Nummer nicht preis.

Die Ottbergener 044 210-3 strengt sich im Mai 1976 am Posten 12 bei Herste unweit Bad Driburg mächtig an, um ihren Güterzug die Steigung vollends heraufzubringen. So behält man die Dampflok in der Eisenbahnlandschaft gern in Erinnerung.

Eine Lehrter 50 mit Kabinentender befindet sich mit ihrem Silowagenzug am 6. Mai 1976 gerade am Tor im Zaun, der bis 1990 den Bahnhof Ellrich vom Westen trennte. Unterhalb des Lokkamins ist das weiße Schild zu erkennen, das auf den Grenzverlauf hinweist. Diese Grenze hatte auch das Aus für die Kleinbahn Ellrich-Zorge gebracht, deren Streckenverlauf im Einschnitt links bis zum Lokschuppen erkennbar ist.

Zum Abschluss des Dampfbetriebs am 26. Oktober 1977 im Emsland sollten die ölgefeuerten Güterzugmaschinen der Reihen 042 und 043 unter sich sein. Teils nur noch für ein paar Monate wurde der Bestand des Bw Emden an kohlegefeuerten Jumbos der BR 44 nach Ottbergen verlegt. So erging es auch der 044 534-6, die am 7. Mai 1976 ihren Güterzug mitsamt dem eigenen Dampf aus dem Ertinghäuser Tunnel in Richtung Northeim zieht.

Fast unwirklich erscheint die Spiegelung der Hofer 001 173-4, die am 4. Mai 1973 mit ihrem Schnellzug der Schiefen Ebene entgegenstrebt. Am 15. Dezember 1973 wurde sie zusammen mit der 001 008-2 und der 001 111-4 als letzte ihrer Baureihe bei der Deutschen Bundesbahn abgestellt. Die 001 173 wurde nicht verschrottet, sondern gelangte auf Umwegen ins Deutsche Technikmuseum Berlin, wo sie heute zu bewundern ist.

Anfang Mai 1973 läuft die 001 180-9, 1936 von Henschel & Sohn geliefert, vor einem Eilzug von Hof die Schiefe Ebene hinunter zum nächsten Halt in Neuenmarkt-Wirsberg. Zu diesem Zeitpunkt war sie noch für rund drei Wochen das letzte betriebsfähige Exemplar mit Neubaukessel.

Die letzten Einsätze der in Hof noch betriebsfähigen Loks der Baureihe 01 erfolgten im Winterfahrplan 1972/73 meist vor Eilzügen. Die am 4. Mai 1973 bergauf fahrende 001 173-4 hatte noch die besondere Ehre, Star des DB-Films zu sein: »Wie war sie eigentlich, die Dampflokomotive?« Einige Szenen wurden auch in dem Fernsehfilm »Einmal Berlin und zurück« verwendet.

Wenn die kleinrädrigen Güterzugloks der Baureihe 50 auf der Schiefen Ebene vorbeifuhren, hatte man nicht so wie bei der 01 den Eindruck besonderer Anstrengung. So hatte auch 053 010-5 vom Bw Hof im Frühling 1973 mit ihrem morgendlichen Personenzug von Lichtenfels aus Marktschorgast erreicht, ohne besonders auf sich aufmerksam zu machen.

Auch am Rand des Frankenwaldes hat sich der Frühling Anfang Mai 1973 schon teilweise hervorgewagt. Im Bahnhof Marktschorgast wartet der Frühpersonenzug von Lichtenfels mit einer 50 als Zuglok auf die Vorbeifahrt des E 2024 Hof–Frankfurt–Dortmund mit 001 111-4, die zu den letzten Zweizylinder-Schnellzugdampfloks der DB gehörte.

Am ersten frischen Maigrün vorbei schnauft 052 475-1, von Nürnberg Rbf nach Hof versetzt, im Mai 1973 mit dem Nachmittagspersonenzug die Steigung bei km 77,9 hinauf nach Marktschorgast.

Ein schwerer Güterzug mit der Hofer 050 915-8 braucht am 4. Mai 1973 auf der Schiefen Ebene ab Neuenmarkt-Wirsberg Vorspann. Nachdem die 050 682-4, ebenfalls vom Bw Hof, angekuppelt hat, geht es mit vereinten Kräften auf die Steilrampe.

Am Abend des 4. Mai 1973 steht in Neuenmarkt-Wirsberg ein Güterzug Richtung Nürnberg abfahrbereit, bespannt mit der 050 674-1 vom Bahnbetriebswerk Kirchenlaibach. Der Reisezugwagen dürfte mit dem Zug zur Ausbesserung überführt werden.

Am 21. April 1969 hatte die Hofer 001 067-8 gerade den Abfahrauftrag von der Aufsicht in Neuenmarkt-Wirsberg erhalten und nimmt Anlauf für die Schiefe Ebene. Dem Wagenpark nach handelt es sich um eine Personenzugleistung von Lichtenfels nach Hof. Der mächtige Gelenkwasserkran hatte zu dieser Zeit noch nicht ausgedient. Über 20 Dampflokomotiven haben seit 1975 Einzug in den Ringschuppen des kleinen Bahnbetriebswerks gehalten. Aus dem Ensemble ist das »Deutsche Dampflokomotiv-Museum« geworden. Wasser wird weniger gebraucht, dafür umso mehr Besucher.

50 4001
V 60 383

# Heimat der Dampflok

## Betriebswerke und Werkstätten

Erheblich umfangreicher, als es heute für E-Loks oder Dieseltriebfahrzeuge notwendig ist, gestaltete sich die Behandlung der Dampflokomotive nach dem Abkuppeln vom Zug bis zur Übernahme der nächsten Leistung. Mit dem Wasserfassen und der Inspektion mit Hammer und Ölkanne war es zwar zwischendurch getan, aber am Zielbahnhof musste ausgeschlackt und Kohle genommen werden. Im jeweiligen Bahnbetriebswerk (Bw) standen dafür die Lokbehandlungsanlagen bereit. Nach der Einfahrt ins Bw ging es zunächst an den Kohlenbansen. Danach wurden Schlacke und Rauchkammerlösche über einer wassergefüllten Grube entfernt. An der Besandungsanlage füllte das Personal den Bremssand nach. Eine Werkstatt mit Hebezeugen, später auch mit Werkzeugmaschinen, und ein Ersatzteillager ergänzten im Wesentlichen die Einrichtungen für die Lokaufrüstung. In der Anfangszeit der Eisenbahn genügte aufgrund der kurzen Strecken am jeweiligen Endpunkt das Wenden über eine am Kopf des Bahnsteigs befindliche Drehscheibe. Sie war manchmal so kurz, dass bei Schlepptenderlokomotiven Lok und Tender einzeln gedreht werden mussten. Eine solche Anlage wird bis heute im Kopfbahnhofsteil der Station Düren an der Strecke Köln–Aachen bewahrt.

Eine Sonderform stellten die so genannten Segmentdrehscheiben dar, die in einigen Bahnhöfen an bestimmten Stellen aus Platzgründen die Weichen ersetzten.

Was die Länge der Drehscheibe anbetrifft, sei erwähnt, dass die preußische P 8 (BR $38^{10}$) beim Einsatz zwischen Tübingen und Sigmaringen nicht mit dem Wannentender der ausgemusterten Kriegsbaureihen 42 und 52 behängt werden konnte, da die 20-Meter-Drehscheibe in der Donaustadt gerade für den originalen Kastentender ausreichte. Die Abmessungen dieser weit verbreiteten Konstruktion des preußischen Lokomotivdezernenten Robert Garbe war genau auf diese Drehscheibengröße abgestimmt, die die K.P.E.V. im Jahr 1906 eingeführt hatte.

Das Drehen einer Lokomotive auf der im Bahnhofsbereich aus Sicherheitsgründen vollverkleideten Scheibe erfolgte in den ersten Jahrzehnten mit Muskelkraft. Rundhölzer wurden in dafür vorgesehene Hülsen gesteckt und damit die Lokomotive vom Personal oder Drehscheibenwärtern in die gewünschte Richtung gedreht. Schließlich löste der Elektromotor die von Hand betätigte, auf Ketten oder Zahnräder wirkende Doppelkurbel ab. Die technische Beschaffenheit und Funktion der mit den größer werdenden Dampflokomotiven auf 23 Meter und schließlich noch 26 Meter wachsenden Drehscheiben ist schon an anderer Stelle ausführlich beschrieben worden.

In den Anfängen des Eisenbahnzeitalters reichte z.B. 1865 der Rechteckschuppen in Heidelberg zum Abstellen und Reparieren von neun Lokomotiven. Damals hatten sich die Badener erst vor kurzem – und nicht zuletzt mit vielen Vorbehalten gegenüber der Spurbreite von 1435 mm – von ihren zunächst gewählten 5 1/3 badischen Fuß (= 1600 mm) getrennt. Etwas schneller hatten sie bereits vorher ihren englischen Erstlieferanten, den Lokomotivhersteller Sharp & Roberts aus Manchester, gegen den »Baden-Württemberger« Emil Kessler aus Baden-Baden gewechselt, der 1837 seine Fabrik in Karlsruhe und 1846 sein Werk im württembergischen Esslingen am Neckar gegründet hatte. Bereits 1842 hatte er ohne Auftrag die erste Lokomotive aus heimischer Produktion als Nr. 7 an die badische Staatsbahn geliefert.

Die zunehmende Netz- und Knotenbildung der Bahnstrecken in Deutschland mit Übergangsbahnhöfen zu ausländischen Verwaltungen, die steigenden Beförderungsmengen von Rohstoffen und Fertigprodukten, Reiseverkehr und militärische Erfordernisse ließen den Lokomotivpark an Zahl und Größe rasch anwachsen, zumal bis 1920 jede der deutschen Staats- und Privatbahnen ihr eigenes Süppchen kochte. Dies spiegelte sich nicht nur in Streckenbau und Bahnhofsanlagen wider, wie z.B. in Berlin, Hamburg und Leipzig, sondern auch in der Planung von Lokdepots und Werkstätten, die oft nur einen Steinwurf voneinander entfernt lagen wie bei den Anlagen der

Vorige Seite: Im Laufe der Jahrzehnte gab es im Erscheinungsbild der deutschen Dampflokomotiven immer wieder Außergewöhnliches – ob Vollverkleidung, Kohlenstaubfeuerung, Giesl-Flachejektor oder Franco-Crosti Anlage. Neben der Versuchsausführung bei zwei in $42^{90}$ umgezeichneten Lokomotiven der BR 52 erteilte die DB den Auftrag zum Einbau des Rauchgasvorwärmers System Franco-Crosti von 1955–1958 in insgesamt 31 Maschinen der BR 50, von denen eine Ölhauptfeuerung erhielt. Die im Bw Bingerbrück aufgenommene 50 4001 wurde am 22. November 1966 ausgemustert, die letzten $50^{40}$ ein knappes Jahr später. Aufnahme: O. Blaschke

Lübeck-Büchener-Eisenbahn in der Hansestadt Lübeck. Praktisch schon zur Erstausstattung des Bahnbetriebs gehörten ebenfalls die Werkstätten sowohl für Dampflok- und Wagenrevisionen als auch für weitere bahnspezifische Ausrüstungsteile von der Weiche bis zum Zuglaufschild.

Die Transportaufgaben bedingten, wie schon erwähnt, die Vergrößerung und Spezialisierung beim Lokomotivpark. Der Zusatz »Gbf« (Güterbahnhof) oder »Hbf« (Hauptbahnhof) im Namen eines Bw deutete auf das Lokeinsatzgebiet hin. Die Fahrzeugabmessungen von Schlepptendermaschinen verlangten größere Gleislängen im Lokschuppen als Tenderloks. In Preußen wurden zeitlich parallel Ringschuppen wie die 1874 für den Anhalter Bahnhof in Berlin errichtete 28-ständige Anlage (heute »Deutsches Technikmuseum«) und Rund- oder Kreisschuppen erbaut. Beispiele hierfür waren der 1873 fertig gestellte und leider 1976 abgerissene Rundbau in Paderborn und die seinerzeit noch existierenden Schuppen in den Berliner Betriebswerken Pankow und Rummelsburg. An der ab 1851 befahrenen königlich-preußischen Ostbahn wiesen Schneidemühl und Bromberg solche Bauwerke auf. Nachteile dieses Schuppentyps waren neben dem gewaltigen Kuppeldach die darunter liegende relativ kleine Drehscheibe, die zu Abstellgleisen führte, deren häufig geringe Nutzlänge von der Gebäudegröße bestimmt wurde. Allerdings war die Drehscheibe im Rundschuppen gut vor der Witterung geschützt.

Die in der Anfangszeit errichtete Rechteckform wurde auch weitergebaut und teilweise aus Platzgründen mit einer Schiebebühne bedient. Mit zunehmendem Traktionswechsel ersetzten Rechteckhallen für Diesel- und E-Lok die alten Ringlokschuppen sowie die nun nicht mehr benötigte Drehscheibe. So wurde beispielsweise 1964 in Oberhausen Osterfeld-Süd verfahren, wo ein Neubau mit fünf Gleisen und zehn Reparaturständen entstand.

Verheerend wirkten sich die Folgen des Zweiten Weltkriegs auf die baulichen Anlagen und den Fahrzeugpark der Deutschen Reichsbahn aus. Von 15.684 Regelspurdampfloks in der amerikanischen und britischen Besatzungszone waren Ende 1945 nur ein gutes Drittel betriebsfähig. Sie verteilten sich auf 242 Betriebswerke, von denen ein Viertel unbeschädigt geblieben war. Die große Mehrzahl, vor allem in den Ballungsräumen, war schwer getroffen oder ganz zerstört. 30 Prozent der Drehscheiben waren defekt und sorgten für Rückwärtsfahrten mit verringerter Geschwindigkeit. Die Bekohlung musste zeitraubend von Hand erfolgen, und ungereinigtes Wasser verursachte starken Kesselsteinansatz. Zehn Jahre später waren im ganzen Bereich der Deutschen Bundesbahn (DB) 285 Betriebswerke in Funktion, jedoch mit zum Teil nicht wieder aufgebauten Hallen.

Seitdem verringerte sich die Zahl der Dampfloks und der Bahnbetriebswerke – teilweise zu Außenstellen degradiert – kontinuierlich. Ein Jahr nach dem Dampfende bei der DB waren 1978 noch knapp 110 Betriebswerke aktiv. Im neuen Jahrtausend sind Anlagen wie Ringschuppen, Drehscheibe, Wasserkran und Bekohlungsanlage fast überall verschwunden. Bei einer Bahnfahrt können einem noch zweckentfremdete Lokschuppen begegnen und am ehesten ein denkmalgeschützter Wasserturm.

In die ausgedienten Hallen von Ausbesserungswerken sind neue Nutzer eingezogen oder das Gelände dient anderen Zwecken. An einigen Orten pflegen und bewahren Eisenbahnbegeisterte seit Jahren Lokbehandlungs- und Werkensembles. Sie machen sich damit ebenso wie die Museumseisenbahner mit ihrem Fahrbetrieb um das historische Erbe der Eisenbahn verdient.

Ein Stillleben von der feiertäglichen Ruhe am »Vatertag«, dem 4. Mai 1967 im Bw Hagen Güterbahnhof. Zwischen den beiden G 10 (Baureihe 57) stehen hinter der Drehscheibe zwei Klappdeckelwagen. Der Schornstein wird für Rauchabzug und Schuppenheizung nicht mehr gebraucht.

Im weit ausgedehnten Gelände des Bahnbetriebswerks Osnabrück steht am 1. Mai 1968 mit der Bekohlungsanlage im Hintergrund die 44 438 an der großzügig bemessenen Ausschlackgrube. Das fehlende Nummernschild deutet auf die bevorstehende Umzeichnung der Osnabrücker Lok in 043 438-1 hin. Dann ist auch der weniger Versierte in der Lage, die Maschine als ölgefeuerte zu erkennen.

Die preußische Staatsbahn baute wegen der wachsenden Zahl von Lokomotiven in den letzten Jahrzehnten des 19. Jahrhunderts an Bahnknotenpunkten große Rundschuppen, die sowohl für die damaligen Loklängen ausreichten als auch der Drehscheibe im Inneren Schutz vor den nicht nur im Osten harten Wintern boten. Wie man sich beim Betrachten des 1873 errichteten Paderborner Rundschuppens vorstellen kann, waren Erstellung und Unterhalt des großen Kuppelbaues teuer.

Am 2. Mai 1968 fand sich zwar keine Dampflok mehr im Paderborner Rundschuppen, aber mit einem kleinen Kunstgriff konnte eine im Freien stehende 50er durch das Schuppenfenster auf die Platte gebannt werden. Leider wurde das historische Gebäude 1976 dem Erdboden gleichgemacht.

Lokversammlung im Bahnbetriebswerk Bebra an der Schienenkreuzung Frankfurt–Hannover und Kassel–Erfurt: Am 15. Oktober 1965 treffen sich die ölgefeuerten Bebraer 44 326, 44 375, 44 381 und 44 1364. Auf dem Weg zur Arbeit fährt die 01 519 des Bw Erfurt auf die Drehscheibe, um den D 7 nach Warschau zu übernehmen. Sie ist die Erste der von der Reichsbahn umgebauten $01^5$ mit Ölhauptfeuerung. Auf den Windleitblechen findet sich ein Hinweis auf die Leipziger Messe.

Oldenburg Rangierbahnhof war 1969 keine eigenständige Dienststelle mehr. Am 24. Mai stehen vor dem hochaufragenden Wasserturm die Bremer 044 149-3, zum Ende des Jahres nach Ottbergen versetzt, und rechts beim Wassernehmen die Emdener 044 591-6.

Im Mai 1963 ließ sich im Bahnbetriebswerk Hanau neben Loks der Baureihen 38 und 55 auch noch die 74 680, preußische T 12, ablichten. Die letzten Exemplare der ab 1905 serienmäßig gebauten und bis 1921 beschafften Tenderlokomotiven mit einer Höchstgeschwindigkeit von 80 km/h wurden bei der Deutschen Bundesbahn 1966 in Düren ausgemustert.

Aufnahme: O. Blaschke

In vielen Fällen wurden durch den Zweiten Weltkrieg in Mitleidenschaft gezogene Anlagen nach der Sicherung der Bausubstanz ohne völlige Wiederherstellung weiter genutzt. Am 30. April 1967 stehen im früher selbstständigen Bw Bremerhaven-Lehe die 86 711, die Baureihen 94, 38 und weitere Maschinen zwar im Schuppen aber dennoch nicht unter Dach.

Nachdem die 01 1515-4 vom Bw Berlin Ostbahnhof, eine der nicht auf Ölfeuerung umgerüsteten Reko-01er der DR, den D 110 im Mai 1971 aus Warschau von Berlin nach Helmstedt gebracht hat, trifft sie zwischen Bekohlungs- und Besandungsanlage am Wasserkran mit der Braunschweiger 050 780-6 zusammen.

Ein Blick durch die Feuertür auf die Glut, die den Herzschlag der kohlegefeuerten Dampflok bestimmt. Brennt das Feuer hell und ist der Rost frei von Schlacke, muss kein Dampf »gekocht« werden.

Seit der Eröffnung der Strecke von Northeim nach Nordhausen 1878 hat die Kleinstadt Herzberg Anschluss die Eisenbahn. Eine 50er des Bw Lehrte macht sich gerade auf der Hauptbahn nützlich. In Herzberg endet aber auch die Nebenbahn von Braunschweig über Seesen–Osterode in einer für die Anfangszeit der Eisenbahn typischen Bahnhofsanlage mit einer Drehscheibe für die Zuglok zum Rücklauf über das mittlere Gleis. Gegenüber diesem Zustand vom 6. Mai 1976 dürfte früher rechts auch ein Bahnsteig vorhanden gewesen sein.

Am 14. Mai 1969 lässt sich 094 080-9 an der Einfahrt zu ihrer Heimatdienststelle, dem Bw Dillenburg, letztmals porträtieren. Vier Monate später sollte die 1921 von Schwartzkopff, Berlin, als »8180 Erfurt« abgelieferte Maschine ihren aktiven Dienst beenden.

Vom Wasserturm des Bahnbetriebswerks Osnabrück fällt der Blick am 1. Mai 1968 auf die Drehscheibe des südlichen Ringschuppens. Gerade wird eine ölgefeuerte $01^{10}$ gedreht, die im Sommerabschnitt des Jahresfahrplans 1968/69 nach Bremen und Hamburg ihren letzten Auftritt haben sollte. Die rechts hinter der Lokleitung abgestellten E 40 und weitere E-Loks vor dem neuen Rechteckschuppen links bezeugen, dass man ab Osnabrück seit Herbst 1966 elektrisch Richtung Ruhrgebiet fährt.

»Wo gehobelt wird, da fallen Späne«, könnte man in freier Anwendung des Sprichworts sagen: Ruß, Asche, Wasser und Öl sind nicht der ideale Bodenbelag. Den drei Tübinger P 8 hat das nichts ausgemacht. Die 38 3559 an der Besandungsanlage im Hintergrund ist uns schon auf dem Lautlinger Viadukt (Seite 55) und bei Bad Sebastiansweiler-Belsen begegnet (Seite 64).

Im Mai 1969 legt die Tübinger 038 156-6 von 1921 ihre Mittagspause in der fürstlichen Residenz Sigmaringen ein. Der Kastentender blieb der P 8 nur erhalten, weil die örtliche Drehscheibe nicht die Länge für Wannentender hat. Lokschuppen und Wasserkran sind zwar auch schon Antiquitäten, können aber nicht mit dem darüber thronenden Schloss mithalten, einem Neubau aus dem 18. und 19. Jahrhundert.

An der Schneehöhe kann man schon lange keine Kältegrade mehr ablesen, wohl aber an den im Dezember 1970 im Bw Tübingen aufgestellten Kokskörben. Trotzdem scheint sich die 052 953-7 noch am eigenen Dampf wärmen zu müssen.

Im Herbst 1965 endet die planmäßige Bespannung von Reisezügen in Richtung Nürnberg und Singen mit der preußischen P 10. Das sagt auch die Aufschrift auf der Rauchkammertür und der kleine Blumenschmuck hinter Front- und Seitenschildern der 39 155 im Bahnbetriebswerk Stuttgart. Rechts ist der Tender der schon abgestellten 39 060 zu sehen und links die Ablösung in Form der 01 192 mit Neubaukessel.

Die Stuttgarter Lokmänner der 39 035 wissen, dass es aufgrund des einzigen Saisoneinsatzes als Reisebürosonderzug freitags nach Radolfzell und sonntags zurück nach Stuttgart im Spätherbst 1966 mit dem schon bescheidenen Geschäft zu Ende sein wird. Kein Wunder, dass sie etwas unsicher dreinschauen.

Natürlich stand 1966 auch ein Teil der wenig benötigten P 10 im Rechteckschuppen des Stuttgarter Bahnbetriebswerks. Die rußgeschwängerte Luft macht die Sonnenstrahlen sichtbar und gibt dem Bild einen eigenartigen Reiz.

1966 staubt noch die Kohle beim Ergänzen des Vorrats der 39 196 unter dem großen Stuttgarter Kohlenbunker. Im Hintergrund entdeckt man die Vielfalt des Bw-Bestands: ET 25, E 10, E 44 und die Rangierlok E 63.

Abgesehen von den Pflege- und Wartungsarbeiten an einer Dampflokomotive (und ebenso an Elektro- und Diesellokomotiven), gibt es für den Betrieb des Dampfkessels und das Fahrwerk Fristen, nach deren Ablauf eine Lok im Ausbesserungswerk überholt werden muss. Die seit den 60er-Jahren rasch abnehmende Zahl von Dampfloks bei der DB hatte die Schließung oder Umwidmung zahlreicher Werkstätten zur Folge. Im Mai 1971 warten im Ausbesserungswerk Trier die 044 344-0 vom Bw Ehrang, die Bestwiger 050 993-5 und die 051 689-8 aus Kaiserslautern auf ihre Überholung.

Ein gut gefülltes Bahnbetriebswerk bietet sich dem Dampflokfreund am 19. Mai 1968 in Hannover, von der Schnellzuglok BR 01 über die Personenzugmaschine 23 105 bis zur Güterzuglok 52 486, so hatte die Leitung des Bw Hannover Hgbf ihre 50 2486 umgezeichnet, wie auch aus der 94 1041 die rechts im Bild stehende 94 041 wurde. Daneben befinden sich als weitere Tenderloks die 86 005 und die 93 526, die letzte T 14[1] der DB. Die ganze Dampfherrlichkeit war im Herbst 1968 vorbei, als Hannover Hgbf. als Heimat-Bw nicht nur für Dampfloks aufhörte zu existieren.

In den Umfassungsmauern des nach dem Zweiten Weltkrieg nicht wieder aufgebauten Lokschuppens im Bahnbetriebswerk Rheydt stand am 18. Oktober 1965 eine Versammlung von Loks der Baureihe $55^{25-56}$, die ehemalige preußische G $8^1$. Mit Aufgabe der Dampflokbeheimatung Ende 1969 wanderten die beiden letzten Rheydter G $8^1$ nach Aachen-West und Hohenbudberg.

Eine der kleinsten Dienststellen mit Bw-Aufgaben traf man in Zwiesel an der Strecke Plattling–Bayerisch Eisenstein. Am 8. Mai 1970 stand der kleine Regentalbahn-Dreikuppler »Osser«, 1922 von J. A. Maffei in München gebaut, am Wasserkran. Neben dem Schuppen träumte der Schneepflug von winterlichen Einsätzen im bayerischen Wald. Heute warten hier Regio-Shuttles der »Waldbahn« auf ihren Einsatz.

Am 8. April 1966 schaut aus jedem Stand des Ringlokschuppens im traditionsreichen Bw Limburg noch eine Dampflok. In diesem Bauwerk gibt es keinen Sammelabzug für die Rauchgase, denn jedes Gleis hat seinen eigenen mehr oder weniger gut erhaltenen Schornstein. Die Dampflokzeit endete 1973 mit der Abgabe der letzten Loks der Baureihe 50 an Kaiserslautern, Saarbrücken und Lehrte.

Für ein Arbeitspferd wie die 55 2581, am 23. März 1968 auf der Drehscheibe des Bahnbetriebswerks Mönchengladbach aufgenommen, reichten wohl die angepinselten Eigentumsmerkmal und Loknummer aus. Eine herrliche Szene aus der Dampfvergangenheit, die auch die verdeckt sichtbare jüngere Generation von Triebfahrzeugen nicht schmälern kann.

Aufnahme: O. Blaschke

Dieser Ringschuppen in Kassel sah am 10. April 1966 mit seinen Kriegsschäden wie gerade abgebrannt aus. Der Pflegezustand, besser »Pflegenotstand«, der soeben eingetroffenen Hagener 03 1008 mit ihrem mit Abdeckklappen versehenen Kohletender konnte den traurigen Anblick nicht verschönern. Am 22. November 1966 schieden die letzten 17 Loks der Baureihe $03^{10}$ der DB aus dieser Schienenwelt.

Am 16. Oktober 1965 stand im Bw Minden die 45 010, die zusammen mit der Schwesterlok 45 019 dem Bundesbahn-Zentralamt als Brems- und Versuchslok diente. Da der riesige Original-Kessel mit seinen 7.500 mm langen Rohren sehr schadanfällig war, rüstete die Bundesbahn nach 1950 einige 45er mit einem geschweißten Hochleistungskessel und einer mechanischen Rostbeschickung aus. Die 45 010, stärkste von Henschel 1940 gebaute deutsche Güterzuglok, ist in der Obhut des Verkehrsmuseums Nürnberg erhalten geblieben.

Einen beschaulichen Eindruck vermittelt am 8. April 1966 der Anblick der 93 840 vor dem kleinen Lokschuppen in Altenkirchen. Ausnahmsweise ist sie keine Preußin, sondern entstand in Emil Kesslers Lokschmiede in Esslingen am Neckar als württembergische T 14 mit der Staatsbahnnummer 1465. Erste Auslandserfahrungen sammelte sie 1954 im badischen Villingen, um dann über Pforzheim mit seinen auf württembergische Rechnung erbauten Bahnanlagen mehreren Schwestern nach Altenkirchen zu folgen. Wohl eher zufällig endete für Pforzheim und den Westerwaldstützpunkt die Rolle als Heimat-Bw für Triebfahrzeuge 1978 gleichzeitig.

Im Sommer 1971 herrscht im Bahnbetriebswerk Heilbronn Hochbetrieb. Crailsheimer 23er, mit 023 032-6 und 023 065-6 gerade anwesend, und die einheimische 052 481-9 warten frisch bekohlt. Weitere Dampfloks sind abgestellt rechts hinter der großzügig dimensionierten Bekohlungsanlage zu sehen. Neben der Besandung ist die etwas verdeckte Ausblasvorrichtung ein weiteres unverzichtbares Detail der Dampflokbehandlung.

Das Einsatzgebiet der Aalener Baureihe 78 erstreckte sich von Ulm nach Crailsheim und bis vor die Tore Stuttgarts nach Schorndorf, wo die Züge mit der E 44 getauscht wurden. Im Herbst 1965 steht 78 354 im Abendlicht auf der Crailsheimer Drehscheibe, eingerahmt vom Gleissperrsignal und dem heute denkmalgeschützten mächtigen Wasserturm.

13

# Beruf oder Berufung?

## Männer und Maschinen

In vielen so genannten Männerberufen arbeiten heute auch Frauen. Ursprünglich füllten sie in Kriegszeiten die Lücken, die die Einberufung der Männer zum Wehrdienst gerissen hatten. Erst in den letzten Jahrzehnten haben es Frauen als Schiffsoffizier, Pilotin oder Lokführerin im Verkehrswesen zu interessanten Tätigkeiten gebracht. Ganz anders verlief die Entwicklung auf der Dampflok: Steuerung, Regler und Heizerschippe blieben den Frauen auch im Krieg durch die strengen Arbeitsschutzbestimmungen verwehrt.
Der erste namentlich bekannte deutsche Betriebseisenbahner dürfte der Engländer William Wilson gewesen sein. Er führte nach dem Zusammenbau der 1835 von George Stephenson in Newcastle zum Preis von 850 Pfund Sterling gelieferten Dampflokomotive »ADLER« für die erste deutsche Eisenbahn die Maschine am Eröffnungstag, dem 7. Dezember 1835, und sollte neben seinem deutschen Heizer weiteres Personal ausbilden. Als wohl bestbezahlter Eisenbahner ließ er sich trotz späterer Gehaltskürzung nicht wegrationalisieren, sondern ver-

brachte den Rest seines Lebens als Leiter des Maschinendienstes bei der Ludwigsbahn in der Meistersingerstadt Nürnberg.

Bis zur Gründung der Reichseisenbahnen im Jahr 1920 trugen die Bediensteten der Länderbahnen, ob staatlich oder privat, die unterschiedlichsten Uniformen, so dass sie manchmal von höheren militärischen Rängen kaum zu unterscheiden waren. Berührungspunkte zwischen beiden Einrichtungen gab es durch die Eisenbahnpioniere und in den beiden Weltkriegen durch die Feldeisenbahner. Auch der Bahnschutz, Vorläufer der Bahnpolizei, sah beim Appell einer militärischen Einheit zum Verwechseln ähnlich.

Im Jahr 1960 betrug die Zahl der Mitarbeiter bei der Deutschen Bundesbahn (DB) über 480.000. Das Gros setzte sich über das geforderte Maß hinaus Tag und Nacht dafür ein, dass Reisende und Güter schnell und sicher an ihr Ziel kamen. Die Zahl der Beschäftigten sank trotz Einführung der 45-Stundenwoche durch den Strukturwandel im Zugförderungsdienst, Verbesserungen im Sicherungswesen, Auflassung von Schrankenanlagen sowie Dienststellenneuorganisation und Entfall der Zugbegleiter in Güterzügen. Über diese Veränderungen berichtete die Bundesbahndirektion Hamburg in der Festschrift »125 Jahre Deutsche Eisenbahnen«, die die DB anläßlich dieses Jubiläums 1960 herausgab. Die BD Hamburg wies an derselben Stelle außerdem darauf hin, dass seit 1953 durch Umwandlung von Haupt- in Nebenbahnen, vereinfachtes Betriebsverfahren, Einsatz von Schienenbussen und Akkumulatorentriebwagen sowie Umstellung auf Bahnbusbedienung mit zum Teil vollständiger Stilllegung wirtschaftlich nicht mehr tragbarer Strecken insgesamt 700 Mann Personal eingespart wurden, was einschließlich nicht mehr anfallender Sachkosten unterm Strich ein Plus von zwölf Millionen Deutscher Mark erbracht habe. Hinzu kamen Minderaufwendungen für den seit 1950 erreichten Abbau des Werkstättenpersonals um rund 4.000 Mann. Ähnlich dürften die Einsparungen der übrigen damals noch 15 Bundesbahndirektionen ausgesehen haben. Die 1968 durchgeführte Verschmelzung der Oberbetriebsleitungen West in Essen und Süd in Stuttgart und des Frankfurter Hauptwagenamts zur Zentralen Transportleitung in Mainz und die beschlossene Verminderung der Zahl der Bundesbahndirektionen von 16 auf 10 waren wichtige Maßnahmen zur Kostensenkung und Personalreduzierung.

Es mag überraschen, dass der Personalabbau in der Direktion Stuttgart kein Thema war. Trotz Förderung des Wohnungsbaus für Eisenbahner einschließlich der Errichtung von Ledigenheimen hat man zwischen 1955 und 1960 in Württemberg die Abwanderung von Mitarbeitern in besser bezahlte Stellen in der Industrie nicht verhindern können. Als erste Bundesbahndirektion war man gezwungen, italienische Arbeiter zum Dienst bei der DB anzuwerben. Anfangs bereiteten die Sprachprobleme erhebliche Schwierigkeiten, sie im Betriebswagenwerk Stuttgart, im Gepäckladedienst und im Baudienst einzuarbeiten.

Von den aufgeführten, über 40 Jahre alten Zahlen ist die Personalstärke heute, im Jahr 2001, schließlich im vereinigten Deutschland auf 230.000 Mitarbeiter der neu-

Vorige Seite: Das ist schon ein Ungetüm, so eine 01, wenn man nicht auf dem Bahnsteig steht. Im Bahnbetriebswerk Stuttgart kümmert sich am 25. September 1965 der Meister um sein Dampfross, die 01 181 mit Neubaukessel, damals im Bw Nürnberg Hbf beheimatet.

gegründeten Bahn AG zusammengeschmolzen. Auf weitere 60.000 hiervon möchte Bahnchef Hartmut Mehdorn verzichten, um 3,6 Milliarden Deutsche Mark einzusparen. Mag der Steuerzahler sich darüber freuen, dem Bahnbenutzer schwant nichts Gutes. Wen wundert es, wenn die Identifikation der Bahnmitarbeiter mit ihrem Unternehmen nur noch ein Schatten von dem ist, was es einmal war!

Als der Fotograf im Oktober 1967 sein Objektiv auf die stimmungsvolle Szene richtete, war es für die Tübinger 38 3074 vor dem Sigmaringer Lokschuppen, den wir von Seite 112 kennen, schon beinahe zu dunkel. Der Lokführer nutzte die Pause für einen Kaffee und hatte seine P 8 in der Obhut des Heizers gelassen.

Am 30. April 1967 geht der Drehscheibenwärter des Bahnbetriebswerks Bremerhaven-Lehe noch seiner gewohnten Arbeit nach. Die 86 182 ist zu drehen, während im Hintergrund der Lokführer der mit einem Neubaukessel bestückten, aber weiterhin kohlegefeuerten 41 313 ungeduldig darauf wartet, dass seine Lok an die Reihe kommt. Um den Raum Bremen im Herbst 1969 dampffrei zu machen, werden die letzten fünf Kohle-41er bis auf eine nach Uelzen umbeheimatet, während von den zwölf Loks der Baureihe 86 vier abgestellt und der Rest auf Goslar, Saarbrücken und Bahnbetriebswerke in Bayern verteilt werden.

»Alle reden vom Wetter, wir nicht« stand in den 60er-Jahren auf einem DB-Plakat zu lesen. Also muss man entsprechende Vorkehrungen treffen, um sich nicht dem Spott des Reisepublikums auszusetzen. Im Dezember 1970 gehört der Schutz empfindlicher Teile der 052 953-7 gegen Einfrieren mit Hilfe von Körben mit brennendem Koks im Bw Tübingen dazu. Wie praktisch, dass man beim Schüren auch warme Hände bekommt!

Zur Abwechslung auf die Gäubahn: Vor dem Zug 1934, um 14.40 Uhr ab Sindelfingen und für die Schichtarbeiter eines großen Konzern hauptsächlich gedacht, treffen wir Anfang 1968 die wohlbekannte Tübinger 38 3559 (vgl. S. 111). Wegen der gewaltigen Zuglänge muss der Zugführer mit dem Bremszettel vom Bahnsteig herunter durch den Schnee zur Lok stapfen.

Angekommen in Stuttgart Hauptbahnhof! Der Heizer der Nürnberger 01 192 im Widerschein der von ihm unterhaltenen Glut ist sicher froh, den D 240 von Nürnberg am 1. Januar 1967 pünktlich um 19.02 Uhr auf Gleis 12 angebracht zu haben.

38 3559

Noch ein paar Minuten bleiben, bis sich der Personenzug mit 023 093-8 kurz nach neun Uhr am 22. Mai 1969 im Bahnhof Emden West nach Norddeich in Bewegung setzen wird. Noch schaut der Lokführer dem Gepäckarbeiter genüsslich bei der Arbeit zu, aber gleich muss er seinem Dampfross die Sporen geben.

Am 25. Mai 1969 räuchern einige untätige Dampflokomotiven das Bahnbetriebswerk Rheine ein. Damals teilten sich Kohlemaschinen wie die Emdener 044 678-1 und Ölloks wie die 1966/67 von Osnabrück nach Rheine versetzte 042 168-5, links im Bild, die Arbeit vor den Emdener Erzzügen. Und dazwischen der Mensch, hier in Gestalt des Drehscheibenwärters, der die kleine Arbeitsunterbrechung sichtlich zu genießen scheint.

Der Personenverkehr auf der seit 1910 durchgehend befahrbaren Ammertalbahn Tübingen–Herrenberg endete auf dem 4,1 km langen Abschnitt Gültstein–Herrenberg am 25. September 1966. Bis dahin hatten Tübinger 64er die Zugförderung bestritten, hin und wieder von einer preußischen T 16[1] vertreten. Das Lokpersonal der Anfang der 60er-Jahre aus Augsburg ins Ländle gekommenen 94 1383 erwartet gelassen den Abfahrtspfiff. Das Lokschild mit den breiten Aluminiumziffern bildet einen Kontrast zu den nur aufgemalten BD- und Bw-Angaben.

Dem 12. Februar 1967 ist beim Wasserfassen der Darmstädter 65 004 der Wintertag nicht anzusehen. Nur die kahlen Bäume mit den dahinter sichtbaren Erbacher Türmen verraten die Jahreszeit. Der Einheitsgelenkwasserkran aus Neusalz (Oder) gehört auch zu den früher selbstverständlichen, heute aber verschwundenen Bahnrequisiten.

Anscheinend gibt es am 1. August 1970 für die 065 014-3 in Fürth/Odenwald noch nichts an Güterwagen abzuholen. Bis zur Abfahrt hält das Darmstädter Personal eben ein Schwätzchen im kühlen Morgennebel.

Lokpflege mit Ölkanne und Hammer betreibt das Personal der in Minden beim Bundesbahn-Zentralamt stationierten ehemaligen badischen IV h 18 316 am 19. Mai 1968. Der beeindruckende Durchmesser der Treib- und Kuppelräder von 2,10 m wurde nur von wenigen deutschen Schnellzuglokomotiven übertroffen.

Die Verbrennungsrückstände in der Rauchkammer, in der Fachsprache der Eisenbahner als »Lösche« bezeichnet, mussten vor einem neuen Einsatz entfernt, d. h. vom Ausschlacker »gezogen« werden. Diese Prozedur wurde im Sommer 1971 im Bw Tübingen im Bild eingefangen. Mit der Schaufel wird die Lösche der 064 518-4 in die Grube befördert. Dahinter ist eine P 8 mit geschweißtem Kastentender zu erkennen.

Am 15. April 1968 sind im Bahnbetriebswerk Heilbronn drei P 8 mit Wannentender zu sehen. Während 038 626-8 hinten links und 038 313-3 rechts im Bild warten, hat der Heizer der 038 335-6, vom Fotografen abgelenkt, einen »Heilbronner Wasserfall« produziert.

Untrennbar zur Eisenbahn gehören die Kinder, die von klein auf an den Menschen im Zug zuwinken. Die Schülergruppe mit ihren Lehrern, am 6. Mai 1976 auf einer Wanderung entlang der Straße von Bad Lauterberg nach Bartolfelde unweit der innerdeutschen Grenze, lässt am blinklichtgesicherten Bahnübergang den von einer 050 geführten Kesselwagenzug in Richtung Walkenried-Ellrich vorbeifahren.

# Quellennachweis


Bahn-Extra 2/2000: 75 Jahre Einheitslokomotiven; München 2000

BDEF (Weiden): Jahrbuch 1985; Lübbecke 1985

BDEF (Paderborn): Jahrbuch 1994; Lübbecke 1994

Die Bundesbahn: Sechs Jahre Wiederaufbau; Stade 1951

Die Bundesbahn: 125 Jahre Deutsche Eisenbahnen; Darmstadt 1960

EK: Die Lokomotiven der DB und der DR 1970 und 1975; Solingen 1970/1975

EK Spezial: 40 Jahre DB; Freiburg 1989

Herb/Knipping/Wenzel: Die Triebfahrzeuge der DB 1950; Freiburg 1978

Konzelmann, Peter: Die Baureihe 01.10; Freiburg 1982

Kratzsch-Leichsenring/Endisch: Die Dampflokomotive im Bahnbetriebswerk; Stuttgart 1999

Lok-Magazin 2/2000 (Reinshagen): IV h–Badens edle Renner; München 2000

Maedel, Karl-Ernst: Weite Welt des Schienenstrangs; Stuttgart 1965

Mühl/Seidel: Die Württembergischen Staatseisenbahnen; Stuttgart/Aalen 1970

Obermayer, Horst J.: Taschenbuch der Deutschen Dampflokomotiven; Stuttgart 1973

Röhr/Knipping: Die Triebfahrzeuge der DB und ihre Heimat-Bw; Krefeld 1962

Röhr/Gerlach: Die Triebfahrzeuge der DB und ihre Heimat-Bw; Krefeld 1964

Röhr: Die Triebfahrzeuge der DB und ihre Heimat-Bw; Krefeld 1966, 1968, 1969, 1970, 1971, 1974

Röhr: Die Dampfloks der DR und ihre Heimat-Bw; Krefeld 1972

Schröder/Wenzel: Die Baureihe 38.10; Freiburg 1982

Wenzel, Hansjürgen: Die Baureihe 01; Freiburg 1977

Wenzel, Hansjürgen: Die Baureihe 03; Freiburg 1977

Wenzel, Hansjürgen: Die Baureihe 39; Freiburg 1982

Wenzel, Hansjürgen: Die Baureihe 55; Freiburg 1979

Wenzel, Hansjürgen: Die Baureihe 57; Freiburg 1979

Wenzel, Hansjürgen: Die Baureihe 94; Freiburg 1980

# Die Eisenbahn im Spiegel der Zeit

Alfred B. Gottwaldt
**Das große Berliner Eisenbahn-Album**
In diesem Buch lebt die große Zeit der Berliner Eisenbahn weiter. Der Autor entführt den Leser in die Welt der Expresszüge und in die Lokschmieden, in die mächtigen Bahnhofshallen und über das Netz der S-Bahn. Ein Buch zum Genießen und Träumen – und das zum unschlagbaren Preis einer transpress-spezial-Ausgabe.
392 Seiten, 512 Bilder, davon 23 in Farbe
**Bestell-Nr. 71146** **DM 39,80**

Horst Götzke
**Transrapid**
Seine Funktionstüchtigkeit stellt der »Transrapid« auf der Teststrecke im Emsland seit Jahren unter Beweis. Dieses Buch stellt das System vor. Die technischen Voraussetzungen werden ebenso beschrieben wie der derzeitige Stand der Entwicklung. Ob der Transrapid wirklich der Zukunft zugewandt ist, wird sich zeigen – in diesem Buch hat sie schon begonnen.
128 Seiten, 100 Farbbilder
**Bestell-Nr. 71155** **DM 39,80**

Daniel Riechers
**S-Bahn-Triebzüge**
Sie sind hochmodern, komfortabel und fit für das neue Jahrtausend: Die neuen Triebzüge der S-Bahnen. Seit einiger Zeit rollen Zug um Zug neue Fahrzeuge aus den Werkhallen. Dieses Buch stellt sie in allen Einzelheiten vor, mit zahlreichen Zeichnungen, Detailfotos und Tabellen. Und das Beste: Eine eigens angefertigte Maßzeichnung für jedes Fahrzeug.
144 Seiten, 163 Bilder, davon 107 in Farbe, 31 Zeichnungen
**Bestell-Nr. 71128** **DM 49,80**

**Schienenverkehr in der DDR**
**Band 1**
Die Entwicklung der DR in den Sechzigerjahren im Spiegel von Beiträgen aus dem »Eisenbahn-Jahrbuch«, das der transpress-Verlag bis 1985 herausgab. Die Baureihen V 100 und V 180, die Elloks der Baureihen E 11 und E 42, aber auch die aus der Sowjetunion importierten Taigatrommeln stehen für diese Epoche.
208 Seiten, 281 Bilder
**Bestell-Nr. 71156** **DM 29,80**

Andreas Knipping/Burkhard Wollny
**Deutsche Bundesbahn**
1951 gegründet, startete die »DB« mit Volldampf in das Wirtschaftswunder. Neben alten Länderbahn-Loks stellte sie die moderne V 200 und den TEE-Triebwagen VT 11.5 auf die Schiene. Andere Neuentwicklungen floppten dagegen: der Gliedertriebzug »Komet«, der »Schiene-Straße-Bus« und der »Schwarze Schwan«, die Dampflokbaureihe 10.
208 Seiten, 280 Bilder, davon 30 in Farbe
**Bestell-Nr. 71068** **DM 49,80**

Andreas Knipping/Burkhard Wollny
**Deutsche Bundesbahn**
Die angeblich unbewegliche »Beamtenbahn« setzte in den 70er- und 80er-Jahren trotz widrigster verkehrspolitischer Bedingungen Maßstäbe, die noch heute gültig sind. Denn Gerade die zweite Hälfte der Bundesbahn-Ära war eine der interessantesten und abwechslungsreichsten Episoden der deutschen Eisenbahngeschichte.
208 Seiten, 275 Bilder, davon 45 in Farbe
**Bestell-Nr. 71147** **DM 59,–**

Erich Preuß
**Die zerrissene Bahn 1990–2000**
Die Deutsche Bahn AG, 1993 aus der Fusion von Bundes- und Reichsbahn entstanden, krempelte mit zahllosen Strukturänderungen die einstige Staatsbahn gründlich um. In Jahrzehnten gewachsene Strukturen wurden zerschlagen. Erich Preuß wirft einen kritischen Blick hinter die Kulissen des »Unternehmen Zukunft«.
160 Seiten, 140 Bilder
**Bestell-Nr. 71154**
**DM 39,80**

trans press

IHR VERLAG FÜR EISENBAHN-BÜCHER

Postfach 10 37 43 · 70032 Stuttgart
Telefon (07 11) 2 10 80 65 · Telefax (07 11) 2 10 80 70

Stand März 2001 – Änderungen in Preis und Lieferfähigkeit vorbehalten